扫码看视频·轻松学技术丛书

杨梅
高效栽培与病虫害防治彩色图谱

YANGMEI GAOXIAO ZAIPEI YU BINGCHONGHAI FANGZHI CAISE TUPU

全国农业技术推广服务中心 ◎ 组编

邹秀琴 ◎ 主编

中国农业出版社

北　京

编 委 会

主　　编　邹秀琴

副 主 编　颜福花　梁森苗　周晓音　吴宝玉　邹爱雷

参　　编　（以姓氏笔画为序）

毕　波　汤　婧　严旭丽　邱桂凤

陈　辉　陈利芬　陈微微　金军东

赵玲玲　赵慧宇　饶建民　娄钰静

夏娇娇　蒋玉枝　鲍金平

视频审核　刘　慧　王娟娟

出版说明

现如今互联网已深入农业的方方面面，互联网即时、互动、可视化的独特优势，以及对农业科技信息和技术的迅速传播方式已获得广泛的认可。广大生产者通过互联网了解知识和信息，提高技能亦成为一种新常态。然而，不论新媒体如何发展，媒介手段如何先进，我们始终本着“技术专业，内容为王”的宗旨出版融合产品，将有用的信息和实用的技术传播给农民。为了及时将农业高效创新技术传递给农民，解决农民在生产中遇到的技术难题，中国农业出版社邀请国家现代农业产业技术体系的岗位科学家、活跃在各领域的一线知名专家编写了这套“扫码看视频·轻松学技术丛书”。书中精选了海量田间管理关键技术及病虫害高清照片，更有部分照片属于“可遇不可求”的精品；文字部分内容力求与图片内容实现互补和融合，通俗易懂。更让读者感到不一样的是：还可以通过微信扫码观看微视频，技术大咖“手把手”教你学技术，可视化地把技术搬到书本上，架起专家与农民之间知识和技术传播的桥梁，让越来越多的农民朋友通过多媒体技术“走进田间课堂，聆听专家讲课”，接受“一看就懂、一学就会”的农业生产知识与技术的学习。

说明：书中病虫害化学防治部分推荐的农药使用浓度和使用量，可能会因为农药登记或作物品种、栽培方式、生长周期及所在地的生态环境条件不同而有一定的差异。因此，在实际使用过程中，以所购买产品的使用说明书为准，或在当地技术人员的指导下使用。

本书文字内容编写和视频制作时间不同步，两者若有表述不一致之处，以本书文字内容为准。

目　录 Contents

第 1 章 生物学特性

一、主要器官

1. 根 实生杨梅树有发达的主根，压条繁育的杨梅树根系较浅，且数量极少。而人工栽培的杨梅因经移栽主根不明显，侧根和须根发达，分布浅，70%～90%的根系分布在0～60厘米的土层内，其中尤以10～40厘米的浅土层中最为集中，水平分布范围是树冠直径的1～2倍。杨梅是非豆科固氮植物，其根部与土壤中的放线菌共生形成菌根，由树体供给放线菌碳水化合物，根系则从放线菌获得有机氮化物，因此，即使在瘠薄山地种植或不施肥，杨梅也能良好地生长和结果。菌根呈瘤状突起，肉质，粉白色或淡黄色，大小不一，分布无规律；菌丝老化后残存根旁，腐烂后呈褐色粉末，对杨梅的生长无不良影响。

初生新根

杨梅根系

2.芽　杨梅芽有叶芽、花芽之分，一般为单芽。每个枝条的顶芽为叶芽，通常顶芽及附近4～5个芽抽发枝梢，下部的芽都处于潜伏状态，称为隐芽（又称哑芽，生命期长，在受到外界条件刺激后即可萌芽、抽梢）。叶芽较瘦小，比花芽的萌动期迟10～20天，萌芽后15天左右展叶，同株杨梅萌芽展叶比较整齐。花芽着生在叶腋间，长椭圆形，比叶芽大，在浙江一般出现于9月。

芽

顶芽及附近芽抽发枝梢

3.枝梢　杨梅枝条或互生或簇生，节间较短，质脆易断。在浙江省，一年中能抽3～4次梢，即春梢、夏梢、秋梢和晚秋梢。当年生枝梢绿色、黄褐色或褐色，多年生枝梢表皮灰褐色或褐色。按其性质分，有徒长枝、发育枝、结果枝和雄花枝等四类。基部生长较直立、长度在30厘米以上、节间长、组织不充实、芽不饱满的为徒长枝；长度小于30厘米、生长较充实、有希望发育结果的为发育枝；着生雌花的枝条称为结果枝；着生雄花的枝条称为雄花枝。结果枝按其长短可分徒长性结果枝（≥30厘米）、长果枝（20～30厘米）、中果枝（10～20厘米）、短果枝（≤10厘米），多数以中果枝、短果枝结果为主。

枝梢

新梢生长

徒长枝

4.叶 杨梅叶片互生，幼叶淡绿色或褐红色，成熟叶片绿色或浓绿色，叶片（长）椭圆形、（阔）卵圆形或（阔）披针形，叶缘全缘、锯齿或波状，叶尖凹刻、钝圆或渐（急）尖状，叶基楔形，两面无毛，革质，

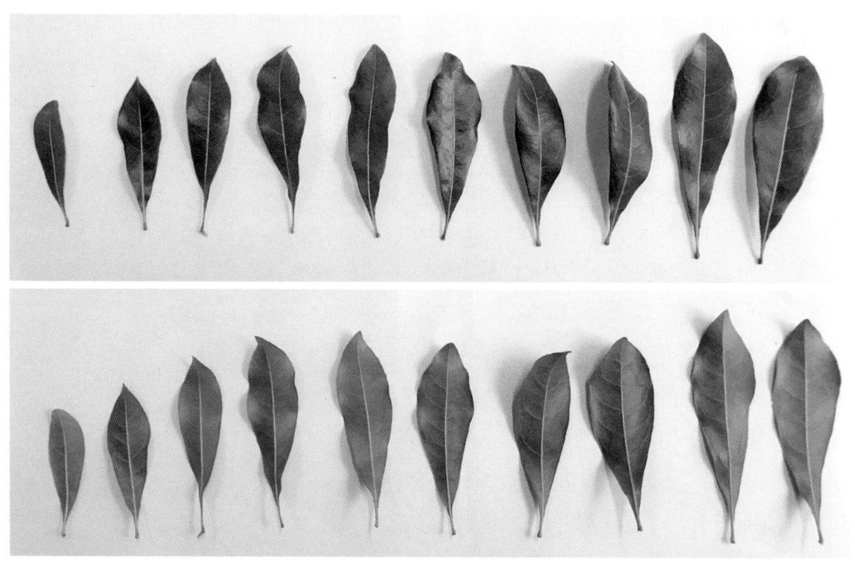

叶片的形状和大小（东魁）

长5.5 ~ 17厘米，宽2.1 ~ 4.3厘米，叶柄长0.4 ~ 2厘米。叶片大小与品种、季节有关，如东魁的叶片比荸荠种大。

5.花 杨梅一般雌雄异株，偶有发现雌雄同株，另外雌株开雄花、雄株开雌花现象皆有。杨梅花很小，单性，无花被，风媒花。雌花为柔荑花序，常单生于叶腋间，开花时呈圆柱形，伸长至0.5 ~ 1.2厘米，每条结果枝一般有4 ~ 26个雌花序，每个雌花序有7 ~ 26朵小花，每朵小花柱头2裂，粉红或紫红色，呈V形张开。雄花为复柔荑花序，圆柱形或圆锥形，淡黄色、红黄色或朱红色，每个雄花枝上着生花序2 ~ 60个不等，每个花序由15 ~ 30个小花序组成，每个小花序有1 ~ 6朵小花，其上着生肾状形花药，开裂后产生黄色花粉，每个花药的花粉量为7 000粒左右，每个花序的花粉量为20万~ 25万粒，其传播距离为4 ~ 5千米。

雌花

雄花

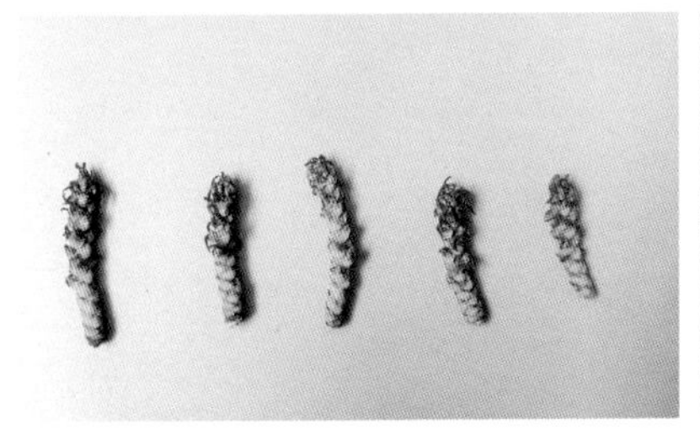

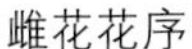

雌花花序

雄花花序

雄花（淡黄色）

雄花（红黄色）

雄花（朱红色）

6. **果实**　果实为核果，多为圆球形或扁圆球形，纵径2.1 ~ 3.6厘米、横径2.1 ~ 3.6厘米，多汁液，味酸甜。食用部分是外果皮外层细胞的囊状突起，称为肉柱，肉柱有长短、粗细、尖钝、软硬之分，主要由品种、树龄、立地条件、天气、结果量以及成熟度等因素决定，可溶性固形物含量为7% ~ 13%，可食率为85% ~ 95%。果核壳坚硬，种仁无胚乳，有子叶2枚，胚外有一层种皮。按植物学分类法，可分为乌梅类、红梅类、粉红梅类和白梅类4种。

乌梅类

红梅类

粉红梅类

白梅类

二、生长习性

根系生长特性

1.根系生长特性　杨梅根系生长除冬季严寒低温及夏季干旱高温进入相对休眠外，从2月中旬开始，至12月下旬结束，整个生长期长达10个月，其中有3次生长高峰，第一次为2月下旬至3月上旬，进入旺盛生长期，能见到较多的白色新根；第二次为5月上旬至5月下旬，在果实迅速膨大期和夏梢萌发期之前，高峰期时间短；第三次为7月中旬至10月上旬，根的生长高峰期较长，生长量较多。杨梅的根系适应性强，其发育状态和性能等受立地条件和栽培管理的影响。在土层深厚、通透性良好的立地条件下，根系呈放射状向下深入土层1米以上，形成深根；在土层浅薄、板结的立地条件下，幼树生长势弱甚至枯死，成年树根系趋向表土层吸收养分和氧气，形成浅根。嫁接苗的接穗部位能长出自生根，以逐渐取代砧木的根，直至砧根萎缩枯烂。台风吹倒后培土护根处也能长出自生根，恢复树体生长。

台风吹倒后培土护根处长出的自生根

芽、枝和叶
生长特性

2.枝梢生长特性　在浙江省，一年抽3～4次梢，根据生长时期不同共有4种枝梢，分别为4～5月的春梢、6～7月的夏梢、8～9月的秋梢和10～11月的晚秋梢。春梢一般抽生于前一年的春梢、夏梢和秋梢上，夏梢一般多自当年的春梢和采果后的结果枝抽生，秋梢大部分从当年的春梢和夏梢上抽生，东魁杨梅树势旺，秋冬季温暖的年份还会抽发晚秋梢。当年生长充实的春、夏、秋梢的腋芽能分化为花芽，成为结果枝。

3. 叶生长特性 杨梅叶互生，叶片大小与枝条种类有关，同一树上的春梢叶片最大，夏叶次之，秋叶最小。生长在幼树上的叶片，其边缘有时有钝锯齿。叶的寿命一般为12 ~ 14个月，自然落叶在春梢抽发前后较多。

三、结果习性

1. 花芽分化 花芽分化是指叶芽转变为花芽，直到花的各部分发育完全为止，整个时期为花芽分化期。据解剖观察，在浙东或浙北，雄杨

花果生长特性

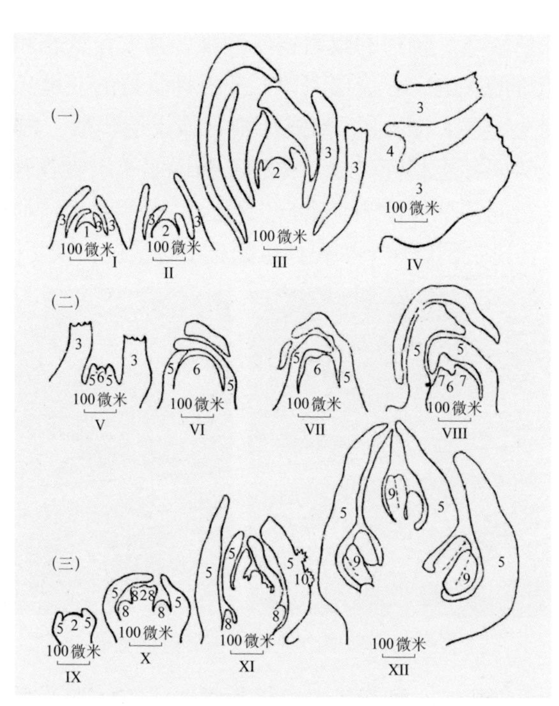

杨梅花芽分化示意

(一) 雌花和雄花分化的前期阶段 (二) 雌花分化的后期阶段 (三) 雄花分化的后期阶段
Ⅰ.未分化期：叶芽生长锥的形态 Ⅱ.花芽分化开始期：花序原基形态
Ⅲ.花芽分化初期：雌、雄花序轴伸长状 Ⅳ.花原基出现期：雌花原基与雄花小花序原基形态
Ⅴ.雌花形成初期：小苞片与雌蕊原基形态 Ⅵ.雌花形成期：小苞片与雌蕊特化状
Ⅶ.雌花形成后期：雌蕊进一步特化状 Ⅷ.雌花成熟期：花柱原基形态
Ⅸ.雄花小花序形成初期：小苞片的原始形态 Ⅹ.雄花小花序形成初期：小苞片与雄蕊特化状
Ⅺ.雄花形成后期：小苞片与雄蕊进一步特化状 Ⅻ.雄花成熟期：雄蕊花药形成期形态
1.叶芽生长锥 2.顶端分生组织 3.大苞片 4.雌花原基与雄花小花序原基 5.小苞片
6.雌蕊 7.花柱 8.雄花小花序 9.花药 10.毛
(引自李三玉和戴善忠，1980)

梅花序原基分化期开始于7月中旬，雌杨梅为7月底到8月初，其生理分化期较形态分化期（即形成花原基）早2～4周，先期分化的往往雌蕊退化花序占的比例较多，而8月上旬以后分化的为正常花序。花原基的形态分化期自8月下旬至9月上旬开始，9～11月分别出现雌蕊和雄蕊，并进一步发育，至11月花芽分化基本完成，个别延至12月初完成，花原基分化延续期共约3个月之久。在完成分化以后，继续吸收矿质营养和同化营养，花芽迅速肥大直至开花。

2. 开花 雄花开放的时间比雌花略早，花期长约30天。雌花花期持续20余天。同一花序中，自上而下开放，具体因地区、海拔、坡向、天气和品种而异。杨梅一般雌雄异株，但近年来有发现东魁杨梅雌株上长雄花的现象，雌花同样结果，并且坐果率较高，雌树开雄花后，一般翌年恢复正常。也有发现杨梅雄株开雌花的现象，雄花谢花后，在雄花的基部长出雌花序，并开花结果；也有发现雄株上一个花序同时长出雄花序和雌花序，雌花序正常结果。

雌株长雄花

雄株长雌花

3. 结果 杨梅一般种植4～5年后开始挂果，8年后进入盛果期。杨梅落花落果现象比较严重，其坐果率仅2%～5%。一般来说开花后两周60%～75%的花枯萎脱落，谢花后两周为落果高峰期。不同类型结果枝坐果不同，杨梅的春、夏、秋梢均能坐果，但以春、夏梢为主，秋梢因花序发育差，不易坐果。结果枝花量不同坐果率不同，结果枝的花序数为4～16个时，其坐果率较高，如花序数少于4个或多于16个时坐果率降低。花序着生位置不同坐果率不同，以花序顶端1～5节的坐

幼果形成期

果率最高，特别是第1节占绝对优势，占总坐果数的20% ~ 45%。结果枝的生长角度也影响坐果，水平枝坐果率最高，下垂枝次之，直立枝最低。春梢生长与坐果关系密切，春梢生长量越大，坐果率越低。

杨梅果实的生长发育时期分为5个：①开花授粉期，历时约15天，胚珠直径0.25 ~ 0.30厘米；②幼果形成期，即胚珠授粉后的20多天，幼果迅速膨大，果径从0.3厘米增大到1.1厘米，绿色的微粒组成球状；③种仁形成期，历时约14天，果实已形成，但果径增大量小，种壳肉质、松软、色浅；④果实硬核期，历时10多天，种壳基本硬化，种仁发育逐渐充实，果径呈S形生长曲线，果径越大则果核硬化速度越快，系第一次发育高峰期；⑤转色成熟期，历时10多天，果实转色，果径增大很快，系第二次发育高峰期，果径达2.1 ~ 3.9厘米，果面色泽由淡黄色转变为红色只需7 ~ 8天，由红色转变为乌紫色、果汁糖分积累只需3 ~ 4天。

四、生长发育周期

以浙江省青田县海拔80米山地种植的东魁杨梅生长发育周期观测为例。

1. 休眠期 休眠期（11月至翌年2月上旬），是指杨梅树秋梢停止生长后至花芽发育前的这一段时间，此时杨梅花芽停止分化。

2. 花芽发育期 花芽发育期（2月中旬至3月上旬），是指杨梅树从早春萌芽开始至全树5%花序至少有1朵花开放的这一段时期。

3. 开花期 开花期（3月上旬至3月下旬），是指自杨梅全树5%花序至少有1朵花开放的初花期起，至开始谢花可以明确坐果成功为止的这一段时期。

休眠期

花芽发育期

开花期

4.幼果期（春梢抽发期）　幼果期（4月），是指杨梅树坐果成功后，果实发育不久，果实幼小的这一段时期。

5. 果实膨大期 果实膨大期（5月），是指杨梅果实开始迅速膨大的时期。

幼果期

果实膨大期

6. 成熟采摘期（夏梢抽发期） 成熟采摘期（6月中旬至6月下旬），是指杨梅果实迅速膨大结束而进入可食阶段，全树75%以上的果实表现成熟，果实可以采摘销售的时期。

7. 花芽分化期（夏秋梢抽发期） 花芽分化期（7 ～ 10月），主要是指杨梅果实采摘后的叶芽生理分化结束至休眠前的这一段时期。

成熟采摘期

花芽分化期

五、对环境条件的要求

1. 气候条件要求

（1）温度。杨梅是一种性喜温暖又较耐寒的亚热带果树，主要分布在我国长江流域以南地区。一般年平均温度14℃以上，绝对最低温度不低于－9℃，≥10℃年积温4 500℃以上的地区杨梅均能生长发育。杨梅栽培最适宜区，一般要求年平均气温为15～20℃，≥10℃年积温5 050℃以上。

杨梅对环境条件的要求

▶ 杨梅的耐寒性较强，在越冬期，当极端最低气温低于－9℃、日最高气温≤0℃连续出现3天或以上时，会导致杨梅树体严重受冻，枝干冻裂，使产量大幅度降低，经济效益减少；杨梅开花期耐低温能力较差，在开花时如遇北方寒流侵袭气温降至0～2℃时，就会造成花器受冻，导致大量落花落果。

▶ 高温对杨梅生长发育也产生较大影响。月平均气温超过28℃时，会影响结果预备枝的抽生，特别是烈日照射，常易引起杨梅枝干灼伤和枝叶焦灼枯死。高温对杨梅果实品质也有一定影响。5～6月果实迅速膨大和转色成熟期，若出现日最高气温≥35℃的天气，容易逼熟杨梅，使果实的含酸量升高，另外，高温还会造成杨梅果实灼伤、果柄与果实分离，出现落果现象。

高温强光引起枝叶焦灼

高温强光引起果实灼伤

温度是影响杨梅物候期最明显的环境因子。年际早春温度的变化，往往决定杨梅物候期是提早还是推迟。如浙江青田，2020年1月、2月平均气温分别是11.3℃、12.1℃，较历年同期平均值分别高3.3℃和2.7℃，其中2020年1月平均气温为1971年历史气象数据记载以来同期最高，2月平均气温为历史同期第三高，因此，2020年海拔80米的向阳山坡东魁杨梅2月18日始花，较常年早了16天。

（2）降水与湿度。杨梅喜湿耐阴，降水充沛，空气湿润，则树体健壮，寿命长，果大汁多，肉质细腻。一般杨梅栽培要求年降水量在1 000毫米以上，但各生育时期对降水量要求不同。

开花期

要求晴朗微风天气，以利于授粉，忌发生刮西北风"扬尘天气"而影响授粉；若花期遇连续5天平均相对湿度低于70%的天气时，则柱头黏液极易干燥，影响授粉受精，当年产量明显降低。

→

谢花、幼果生长期和春梢抽发期

雨水过多，容易导致春梢旺长，造成落花落果；反之，天气晴朗，雨水少，则春梢抽发迟、量少，有利于提高坐果率。

→

果实硬核期至第二次迅速膨大期前

雨水过多，空气湿度大、不流通，容易诱发肉葱病。

↓

果实膨大期和转色期

要求晴朗天气多，有适当的雨水，以利于果实肉柱充分发育，促进果实膨大和转色。

←

果实成熟采摘期

如果雨水太多，不但会引起大量落果，而且果实采摘后不耐储藏，易腐烂。

←

花芽分化和花芽发育期

要求晴朗且凉爽的天气，有利于树体的碳水化合物积累，为花芽发育提供充足的养分。

若是秋雨连绵，会影响花芽分化或花芽发育，特别是9 ～ 10月，如果雨水过量，会促使晚秋梢旺长，消耗树体养分，导致花芽少而不充实，影响翌年结果。7 ～ 8月干旱，在一定程度上影响夏梢的抽发，但反而有利于树体花芽分化。如2020年浙江青田7 ～ 8月持续干旱天气，花芽分化较往年更好，翌年反而花量更多，坐果率更高。

杨梅栽培地区要求有较高的空气湿度，在果实发育和膨大期要求空气相对湿度达到80%以上。杨梅种植在湖泊（或大型水库）四周、溪流沿岸、滨海、小岛或山麓坡地带，空气湿润，有利于杨梅树体的生长和果实的发育。反之，杨梅种植在山顶处，如周边无大山体遮挡，风速大，空气湿度小，则不利于树体和果实的生长发育，肉柱尖硬，汁少个小。

杨梅种植在山麓坡地带

杨梅种植在水库四周

杨梅种植在溪流沿岸

（3）光照。杨梅虽是喜湿耐阴的树种，但也需要一定的光照，尤其喜欢散射光。山的坡向对杨梅树体生长和果实品质有一定的影响，但不是生产的决定因子，无论哪个坡向都可以栽培杨梅。

南坡（尤其是东南坡）因光照充足，树体生长迅速，枝叶健壮充实，投产结果期较早，结果性能较好，果实成熟期提早2～5天，可溶性固形物含量提高0.5%～1%，果实硬度高，贮藏运输性能较好。但如遇干旱年份，土层薄、土壤质地较差的沙质土杨梅园，会出现果型较小、质地较粗、果汁较少的现象。

西坡由于夏、秋季西晒，太阳光照猛烈，果实容易发生日灼，树干易受日灼损伤。

高温强光引起果实灼伤

低湿强光引起果实肉柱尖锐

北坡因日照时数短，多散射光，树势生长旺，成熟期较迟，果实个大、质地柔软、汁多，但风味较淡，贮存性能较差。

据研究，当日平均光照少于3小时，或光照强度≤30%时，树体营养积累少，叶质薄，花芽分化困难，从而导致只长枝叶不结果。因此，日照时数过短、过于荫蔽的山体不宜种植杨梅。

温馨提示

与其他树木混栽、光线照射不足的杨梅园，要及时间伐其他树木，以确保杨梅正常生长发育所需的光照。

种植在高海拔向阳坡或山岗、山顶上的杨梅，因周边没有大山体遮挡，光照较强，空气相对湿度较小，树冠生长较矮化，叶片较小、深厚，投产结果期较早，果实个小，肉柱尖锐，带肉刺，但可溶性固形物含量较高，硬度高，贮存性能较好。

（4）风。风对杨梅授粉受精有一定的影响。杨梅为风媒花，雌雄异株，花期微风有利于花粉的散发、传播，从而提高坐果率。但花期如遇到干燥的西北风，并伴有低温天气，则对花器发育不利，影响开花和结果，导致当年减产。微风有利于气体交换，因而有利于杨梅的光合作用，有利于植株的健壮生长。

杨梅树冠高大，枝叶繁茂，但根系较浅，且枝条较脆，遇大风、台风时枝干容易被吹折，严重者树体被连根拔起。果实成熟期遇风害会引起落果。山顶风口处风速相对较大，空气湿度相对较低，在此处种植杨梅会影响果实肉柱膨大发育，故建园时宜选避风地块，或者设置防风林加以预防。

台风吹倒恢复后的树体

2. 土壤条件要求 杨梅适合土质疏松、排水良好、含有石砾的沙质壤土，喜微酸性土壤，pH 4 ～ 6.5，尤以pH 5.5 ～ 6最适宜。

实际选址时，常以指示植物来判断，凡蕨类、杜鹃、青冈栎、麻栎、苦槠、香樟生长良好之处，都适合种植杨梅。这类土壤往往呈沙砾质，土质疏松、排水良好，有利于杨梅根系的生长，并且枝条生长充实、短缩，树冠矮化，杨梅开始结果早、品质优、产量高。而以狼尾草等单子叶植物生长茂盛的土壤，质地比较黏重，排水不良，种植的杨梅易徒长，不利于开花结果，并且近年来发现种植在黏重纯黄泥土上的杨梅，由于土层深，土壤黏重，栽植后枝梢易旺长，不易结果，并且容易发生霉根、烂根致使树体死亡。

但遇严重干旱年份，种植在沙砾土上的杨梅则表现受旱害的症状，如生长受阻、树势衰弱、果小汁少等，严重的还会导致树体死亡。

土壤黏重导致根系霉烂

3. 海拔高度要求 杨梅大多种植在丘陵山区，海拔高度不同，温度、光照、水分等气候要素也不同，对杨梅生长结果也有不同的影响。

虽然海拔高度不是决定杨梅生长的先决条件，但是随着海拔高度的升高气温呈下降趋势，海拔每上升100米年平均气温降低0.6℃。随着海拔高度的升高，温度下降，积温减少，杨梅的开花期和果实成熟期也相应延后。因此生产上根据不同海拔高度实行杨梅海拔梯度发展，如浙江省青田县海拔80米、200米、500米、680米地区，东魁杨梅果实成熟始摘期分别为6月中旬、6月中下旬、6月底、7月初，结合不同熟期品种配套，延长杨梅成熟采摘期，该地区露地杨梅成熟采摘期长达50天以上。

浙江青田海拔950米种植的8年生东魁杨梅树体生长情况

随着全球气候变暖，浙江省文成县、青田县充分利用山地海拔高度优势，探索将杨梅种到小气候较好的更高海拔地区，进一步拉长杨梅上市供应期。据悉浙江省青田县阜山乡周山村海拔950米地区种植的8年生东魁杨梅2022年7月20日开始成熟上市。

浙江青田海拔950米种植的8年生东魁杨梅

第 2 章
建园技术

杨梅建园是几十年甚至百年收益的基础，建园时，应综合考虑杨梅生物学特性和立地生态环境条件，做好科学规划，务实建园，为建园后取得优质丰产高效打下坚实的基础。

一、园地选择

1. 地势

（1）山地果园。山地杨梅由于光照充足、通气良好、昼夜温差大，因此树势强健、结果良好、果实着色好、含糖量高，且耐贮藏。但由于海拔高度、地形坡向等条件的不同，杨梅生长常受到不同程度的影响，最明显的表现为种植呈海拔梯度分布。此外，不同坡向、坡形、坡位的光照、温度及土壤条件不同，也使杨梅在生长发育、果实品质等方面存在着差异。因此，山地建园应选择小地形、小气候条件良好，浙南地区宜选择在海拔700米以下的山麓地带和低位地带。

不宜在山谷或低洼地建园，以防冷空气沉积而使树体遭受霜冻危害。

（2）丘陵果园。丘陵地是介于平地与山地之间的一种地形，其主要特点是坡度较山地缓，阳光较平地充足，空气流畅，排灌方便，昼夜温差大，因此是发展杨梅生产的主要区域之一。在丘陵地栽培，交通方便，便于管理和运输；杨梅寿命长、结果早、丰产、稳产，果实着色好、品质优良、耐贮藏。丘陵地一般以5° ～ 10° 的缓坡地建园最为理想，投资少、收益快、效益高。

2. 土壤　杨梅适合土质疏松、排水良好、含有石砾的沙质壤土，喜微酸性土壤，pH 4 ～ 6.5，尤以pH 5.5 ～ 6最适宜。凡蕨类、杜鹃、青冈栎、麻栎、苦槠、香樟生长良好之处，都适合种植杨梅。

红、黄壤一般较黏重，排水不良，透气性差，虽可用于杨梅栽培，但必须经过改良，才能使杨梅根深叶茂，高产、稳产。

紫色土含磷、钾较丰富，有利于促进杨梅健壮生长，但有机质和氮素含量较低，风化程度低，土层很薄，需深翻改土，并增施有机肥，可建成高质量的果园。

山地一般石砾过多，其通透性强，土壤含水量少，容易受旱，但含适量石砾的砾质壤土，排水通气良好，有利于杨梅根系生长。

3. 立地生态条件　建园应尽量保留杨梅园周围的植被，维护四周的生态环境，以利于幼龄杨梅树的生长发育。维护杨梅园四周的植被有利于空气相对湿度的均衡，并为害虫的天敌生物留存提供场所。同时山顶保留原有植被，有利于降低太阳辐射强度和风速，有利于杨梅的生长发育，以及减少水土流失。

二、园地规划

杨梅种植面积小时，只需要确定种植方法、行距株距、种苗来源、定植时间等即可。但连片规模种植的杨梅园，必须对园地的栽植小区、道路设置、排灌设施等进行规划。

1. 划分小区　因地制宜划分种植区，划分小区的原则是尽可能使一个小区内的土壤、气候和光照条件大体一致，方便管理作业的需要。一般可按山头和坡向来划分，最好不要跨越分水岭。小区可采取近似带状的长方形，其长边必须沿等高线横贯坡面。

2. 道路设置　道路是园内进行操作和果品、肥药等运输的需要。根据园地面积，可设置主路、支路、操作道等，与作业区域、排灌系统、输电线路、机械行驶相配套。主路一般可通到每个小区，路面宽6米左右，双车道，以运行机动车辆为主，并与公路相通；支路安排在各小区，与主路相接，路面宽3 ～ 4米，以作业机械或小型运输工具通行为主；操作道设在小区内，路面宽0.8 ～ 1.5米，以行人为主。主路和支路还应设置一定的迂回盘道。

3. 排灌系统　排灌系统建设是为园内果树抗旱灌水与排除积水之需。要充分利用附近的水库、山塘，建立排灌设施。如无自然水源，则

温馨提示

在林木与杨梅园交界处，应挖一条深、宽各60厘米的环山防洪沟，防止大暴雨侵袭后毁坏园区。

须单独规划蓄水池，供抗旱及施肥、喷药用水。并挖掘灌水沟和排水渠，一般山地灌水沟与坡向垂直，而排水沟与坡向平行。

4. 水土保持 水土保持是杨梅园长治久安的需要，根据栽植地山坡陡缓，可分别采用等高梯田、等高撩壕和鱼鳞坑等方式，如平缓坡地可进行块状整地。

5. 管理建筑 果园管理机构的建筑，包括办公场所、生活区、仓库、工具房、包装场、贮藏库、停车库等，这些都要根据园地面积大小设计，安排在交通方便的地方。

三、品种选择与优良品种介绍

杨梅为被子植物门双子叶植物纲杨梅目杨梅科杨梅属果树，本属植物共有60种，其中我国有杨梅、毛杨梅、细叶杨梅、矮杨梅、大杨梅、全缘叶杨梅共6种，供食用的仅1种。我国杨梅栽培历史悠久，生态环境多样，产生了性状多异的品种、品系和类型，形成了丰富的种质资源。目前，全国保存有杨梅种质资源305份，其中已通过省级审定品种20个。

实际生产中，各地要根据市场需求和产地立地条件选择适栽优良品种种植。品种结构要早、中、晚不同熟期品种配套，海拔低、积温高的地区宜选择早熟品种种植，海拔高的地区宜选择晚熟品种种植，以延长杨梅成熟采摘供应期。杨梅果实不耐贮存，应避免品种单一、成熟期过于集中而影响销售。此处根据浙江省杨梅主要品种果实成熟期分早熟、中熟和迟熟3类做介绍。

早佳

早佳

来源：原产地浙江兰溪，系当地发现的荸荠种杨梅变异优株，经系统选育而成的特早熟乌梅类品种。2013年通过浙江省林木品种审定委员会认定。

成熟期：5月底至6月初

单果重：12.7克

可溶性固形物：11.4%

果实可食率：95.7%

品种特性：该品种树体健壮，树势中庸，树冠矮化；始果期早，比荸荠种提早1～2年挂果；成熟期早，比荸荠种提前7天成熟，比东魁提前15天成熟；丰产稳产，一般8年生树即进入盛产期，亩产量较荸荠种增加11.9%；果实肉柱圆钝，肉质较硬，耐贮运，色泽紫黑明亮，外观美，风味浓；果核小，品质优良。

早大梅

早大梅

来源：原产地浙江临海，系当地水梅中选出的成熟期较早的大果型品种。1989年通过浙江省农作物品种审定委员会认定。

成熟期：6月中旬

单果重：15.7克

可溶性固形物：11.0%

果实可食率：93.8%

品种特性：树势强健，树体高大，树冠圆头形。叶片广倒披针形，先端钝圆，春梢叶厚而平整，叶色浓绿，有光泽。果实略扁圆形，平均纵径2.9厘米、横径3.2厘米，单果重最大达18.4克。果实大小较整齐，果色紫红。肉柱长而较粗，肉质致密，质地较硬，甜酸适度，总酸含量1.06%，品质上等。在临海比当地主栽的水梅品种提前7～8天成熟，采收期约12天。该品种栽植后4～5年结果，13年生左右进入盛果期，株产一般50千克以上，大小年不明显，经济寿命较长。而且树体健壮，枝叶繁茂，树皮光滑，很少发生杨梅癌肿病。

丁岙梅

丁岙梅

来源：原产浙江温州瓯海、龙湾，早熟品种，我国杨梅四大传统良种之一。

成熟期：6月上中旬

单果重：11.3克

可溶性固形物：11.1%

果实可食率：96.4%

品种特性：树性较强，树冠圆头形或半圆形，枝条短缩，叶倒披针形或长椭圆形，叶色浓绿，是现有杨梅栽培品种中唯一的短枝型品种。果实圆球形，肉柱圆钝，肉质柔软多汁，甜多酸少，总酸含量0.83%，品质上等。成熟时果面紫红色，果柄长，果蒂较大且呈绿色疣状凸起。主产区为瓯海、龙湾。该品种果实固着能力强，带柄采摘，素有“红盘绿蒂”之誉。树冠较矮小，单株产量不及其他品种，种植时可适当密植。

早色

早色

来源：原产地浙江萧山，系从地方品种“早些”杨梅中优选而成。1994年通过浙江省农作物品种审定委员会认定。

成熟期：6月中旬

单果重：12.6克

可溶性固形物：12.5%

果实可食率：95.1%

品种特性：树势旺盛，树姿较直立，树冠圆头形。叶片倒披针形，叶大，全缘或有锯齿。果实圆球形或扁圆形，中大，果蒂小，平均纵径2.6厘米、横径2.8厘米，单果重最大达17.0克，在早熟品种中属果型较大者。果实完熟后呈紫红色，肉柱顶端圆或尖，肉质稍粗，果汁多，味酸甜，总酸含量1.0%，品质优良。该品种根系生长旺盛，耐旱耐瘠能力较强，适应性强，丰产稳产。种植后4 ~ 5年开始结果，盛果期平均株产70 ~ 100千克，结果大小年现象不明显，抗病虫害能力强，采前落果较轻。

荸荠种

荸荠种

来源：原产地浙江余姚、慈溪，我国杨梅四大传统良种之一。

成熟期：6月中旬

单果重：9.5克

可溶性固形物：12% ～ 13%

果实可食率：96%

品种特性：树势中庸，树冠半圆形或圆头形，树姿开张，枝梢较稀疏。叶片倒卵形，叶尖渐尖，叶色深绿。果实中等偏小，单果重最大可达17.0克，果形略扁圆，形似“荸荠”，故名。完熟时果面紫黑色，肉柱端圆钝，肉质细软，汁多，味甜微酸，略有香气，总糖含量9.1%，总酸含量0.8%；核小，与果肉易分离，品质特优，加工性能佳，适合鲜食与罐藏加工。在余姚、慈溪产区采收期达20天。该品种丰产、稳产、优质，适应性广，1年生嫁接苗定植后3 ～ 5年开始结果，10年进入盛果期，旺果期可维持30年左右，经济结果寿命约50年。盛果期平均株产50千克以上，最高可达450千克。果实成熟后不易脱落；较抗癌肿病与褐斑病。适应范围广，但栽培管理不当时，易形成大小年，且大年果实偏小。

桐子梅

桐子梅

来源：原产地浙江三门，系当地实生杨梅优株变异选育而成。2001年通过浙江省农作物品种审定委员会认定。

成熟期：6月中旬

单果重：16.4克

可溶性固形物：11.5%

果实可食率：93.6%

品种特性：树势强健，树冠高大，分枝力强，树冠呈圆头形。果实圆球形，果大，平均纵径3.2厘米、横径3.3厘米，单果重最大达28.0克；因果子大如“桐子”，当地农民俗称为桐子梅。完熟后果实呈紫黑色，果汁中等，甜酸适中、风味浓，品质上等。种植10年后进入盛果期，株产50 ～ 75千克，最高达200千克。采前落果少，大小年现象不明显，抗逆性较强。其最显著特点是果实肉质坚硬，贮运性好，是目前浙江省杨梅较耐贮运的品种之一。

深红种

来源：原产地浙江上虞，系从地方品种深红种中优选而成。2002年通过浙江省林木品种审定委员会审定。

成熟期：6月中下旬

单果重：13.1克

可溶性固形物：12.4%

果实可食率：94.6%

深红种

品种特性：树势强健，枝叶茂盛，树冠圆头形，叶色深绿，叶倒披针形。果实大，圆形，平均纵径2.8厘米、横径2.8厘米，单果重最大达16.3克，果蒂较小，果表深红色，肉柱先端多圆钝少尖头，肉质细嫩，汁液多，酸甜适口，风味较浓。总酸含量1.3%，品质优良。浙江上虞主产区采收期长达20天。该品种适应性强，具有丰产优质、果大核小、风味较浓、色泽美等特点。1年生嫁接树4年开始结果，经济寿命长达80年。30年生树平均株产50 ～ 75千克，最高达300千克。

水晶种

来源：原产地浙江上虞，系我国品质最优的白杨梅，是白杨梅中唯一的中熟大果型品种。2002年通过浙江省林木品种审定委员会审定。

成熟期：6月下旬

单果重：14.4克

可溶性固形物：13.4%

果实可食率：93.6%

水晶种

品种特性：树势强健，树冠半圆形，叶片倒披针形，叶淡绿色。果实圆球形，单果重最大达17.3克。完熟时果面白玉色，肉柱先端稍带红点。肉质柔软细嫩，汁多，味甜稍酸，风味较浓，具独特清香味，品质上等。浙江上虞产地采收期约15天。

东魁

来源：原产地浙江黄岩，我国杨梅四大传统良种之一，也是目前果型最大的杨梅良种。

东魁

成熟期：6月下旬
单果重：25.1克
可溶性固形物：13%左右
果实可食率：94.8%
品种特性：树势强健，树冠旺盛，发枝力强，以中、短结果枝结果为主。树姿稍直立，树冠圆头形，枝粗节密。叶大密生，倒披针形，幼树叶缘波状皱缩，成年后全缘，色浓绿。果实为不正高圆形，特大，单果重最大达51.2克。完熟时深红色或紫红色，缝合线明显，果蒂突起，黄绿色；肉柱较粗大，先端钝尖，汁多，甜酸适中，味浓，总糖含量10.5%，总酸含量1.10%，品质优良。主产区黄岩采收期10 ~ 15天。该品种产量高，种植5 ~ 6年后开始结果，15年后进入盛果期，盛果期可维持50 ~ 60年，大树一般株产100千克以上，结果大小年现象不明显，成熟时不易落果。抗风性强，抗杨梅斑点病、灰斑病、癌肿病。

黑晶

来源：原产地浙江温岭，系从地方品种“温岭大梅”园中发现的实生变异。2007年通过浙江省农作物品种审定委员会认定。

黑晶

成熟期：6月下旬
单果重：17.6克
可溶性固形物：12.3%
果实可食率：可食率90.6%
品种特性：树势中庸，树姿开张，树冠圆头形；叶倒披针形，叶尖圆钝，叶缘浅波状。果实圆形，果大，果顶较凹陷，蒂部突出呈红色，完熟时呈紫黑色，有光泽，具明显纵沟；肉柱圆钝，肉质柔软，汁液多，酸甜适口，风味浓；果核较大；始果期早，一般4年生树能结果；以短果枝结果为主，坐果均匀；成年树一般亩产500千克以上。成熟期介于荸荠种与东魁之间。果实较大，丰产稳产，品质优，熟期适中，适合在浙江全省杨梅产区种植。

晚荠蜜梅

晚荠蜜梅

来源：原产地浙江余姚，系荸荠种杨梅的晚熟营养系变异株系统选育而成。1994年通过浙江省农作物品种审定委员会认定。

成熟期：6月下旬

单果重：13.0克

可溶性固形物：13.0%

果实可食率：95.6%

品种特性：树势强健，枝叶茂密，树冠呈圆头形。叶较大，色浓绿。果实扁圆形，完熟时果表呈紫黑色，富有光泽，肉柱顶端圆钝，甜味浓，口感佳，肉质致密，贮运性好。总酸含量1.0%，甜酸适口，品质上等。成熟期比荸荠种晚约5天。该品种结果性能好，丰产稳产，抗逆性强，对高温干旱有较强的忍耐力。1年生嫁接苗种植3 ~ 4年后开始结果，6 ~ 8年生树平均株产10 ~ 20千克。由于每年30% ~ 40%春梢和夏梢不结果而成为下一年结果预备枝，因此产量稳定，大小年结果现象不明显，不易落果。适合在长江以南地区山丘红壤上栽培。

乌紫杨梅

乌紫杨梅

来源：原产地浙江象山，系当地炭梅的实生变异。

成熟期：6月中下旬

单果重：23.5克

可溶性固形物：13.0%

果实可食率：94.0%

品种特性：树势中强，树姿开张，叶尖圆钝，叶边全缘，叶色深绿。果实圆形，平均纵径3.3厘米、横径3.5厘米，果肉厚，肉柱顶端圆钝。成熟时果面乌紫，较光滑，有光泽，果肉质地较硬，果汁多，甜酸适口，味浓，品质上等，果核稍大，耐贮藏。主产区浙江象山采收期10 ~ 13天。该品种丰产稳产，果大质优，果香浓郁，采前落果轻。适合浙江省内的酸性土壤山地种植。

晚稻杨梅

晚稻杨梅

来源：原产地浙江定海，是浙江最晚成熟的品种，系我国杨梅四大传统良种之一。

成熟期：6月下旬至7月上旬

单果重：11.6克

可溶性固形物：12.1%

果实可食率：95.8%

品种特性：树势强健，树冠直立性较强，以圆头形或圆锥形较多。果实圆球形，成熟时紫黑色，并富有光泽。果实中等大小，单果重最大可达17.1克。肉柱圆钝肥大，缝合线不明显。总糖含量9.8%，总酸含量0.9%，鲜食肉质细腻，甜酸可口，汁多清香，肉核易分离，品质极佳。制罐后，色泽鲜艳，汤汁清晰，果形圆整，具有浓郁的玫瑰香味，风味特佳。主产区浙江定海采摘期为10 ~ 12天。该品种具有优异品质和良好加工性能，经济寿命较长，抗逆性较强。但该品种肉柱嫩，易出水，运输和贮藏性能差，鲜果不利于远距离运销，主要为本地市场鲜销。

四、定植及管理

1.整地　建园时，尽量保持原来的生态环境，有利于水土保持和杨梅的生长结果。根据园地立地条件，可规划修筑等高撩壕、等高梯田或鱼鳞坑。

（1）等高撩壕。撩壕是坡地果园改长坡为短坡的一种水土保持措施，适用于坡度为6°～10°、土层较厚的坡地修筑。

修筑方法

在坡面上按等高线挖沟，挖出的土堆放在山坡沟的外边筑垄；一般撩壕宽50～70厘米，沟深30厘米，沟内每隔5～10米筑缓水埂，形成竹节状。壕高与沟深大致相同，壕外坡稍长于壕内坡，壕宽略大于沟宽，杨梅沿壕外坡成行种植。撩壕间筑多道等高小垄，采用生草或间作覆盖，进一步拦截径流，防止冲刷。

等高撩壕种植

（2）等高梯田。梯田是改坡地为台地的一种果园水土保持措施，适用于10°～25°的坡地。

台面宽度以坡度大小而定，坡度大台面窄，坡度小台面宽。梯壁用石块、草皮砌成或以原有植被保护坡面，台面内侧设排水沟，小排水沟引向总排水沟。台面外侧做小土埂，果园的最上方设一条深而宽的拦水沟，防止山上大水冲刷侵袭果园。

等高梯田种植

（3）鱼鳞坑。在山地陡坡，地形复杂，修筑等高梯田或等高撩壕都比较困难时，可修筑鱼鳞坑以保持水土。

修筑方法

在等高线上确定定植点，以定植点为中心，从上坡取土，筑成内低外高半圆形的台田，台田外缘用土或石块堆砌，每个鱼鳞坑直径2米，其中种植穴直径1米，深80厘米，并随土壤肥沃程度及土层深度而定。每亩挖鱼鳞坑22 ～ 33个，每坑种1株。

鱼鳞坑种植

2. 小苗定植

（1）*挖定植穴*。定植穴一般挖在离梯田或鱼鳞坑外缘1/3处。如平缓坡地可用块状整地，以后逐年拓展种植穴。定植穴的长、宽、深至少是0.8米×0.8米×0.6米。一般在秋冬挖穴，挖穴时把表层土、深层土分开堆放，以便定植时分层放入穴内。施足基肥，一般每穴施过磷酸钙0.5～1千克加焦泥灰50千克或加饼肥5千克，也可加腐熟厩肥25～50千克。

（2）*栽植密度*。栽植密度应根据品种特性、气候条件、土壤肥力、园地地势和管理水平等诸多因素而定。一般来说，品种生长势强，所处地区气候温暖湿润，地势平坦，土壤肥沃，栽植密度应稀一些；而品种生长势一般，土地贫瘠，坡地较陡峭的地区栽植宜密一些。一般每亩[①]栽16～33株，其行株距多为7米×5米、6米×5米、6米×4米、5米×4米等。

（3）*栽植时期*。一般分春植与秋植。春植在杨梅萌芽前（浙江于2月下旬至4月上旬）进行。此时寒冷冰冻期已过，气温开始回升，有利于根系的恢复和生长。如过早，植后易遇冷空气和冰冻天气，会导致叶落、土裂、根断、苗死；过迟，则受伤根系尚未恢复，未能及时吸收肥水，而地上部已抽枝发叶，将影响成活和生长。

温馨提示

南方如广东、广西、云南、福建等地，冬季较温暖，如果苗木是当地培育的，可以进行秋植或冬植；如果苗木需要从远地调入，则以春植为宜。

（4）*栽植方法*。栽植苗木时，要理顺根系，掌握嫁接口与地面相平，浅栽深培土，分次填入表土，用双脚将苗木四周踏实，但不能伤根。最上面用心土覆盖到高于地面10厘米左右处。苗木定植后，应浇足定根水。浇水后上面盖一层松土，以减少水分蒸发，防止表土板结开裂。

①亩为非法定计量单位，1亩=1/15公顷。——编者注

小苗定植

苗木定干后下部抽发新梢选留主枝

温馨提示

在杨梅苗木定植时还需注意以下几点：

①检查苗木嫁接口部位的包扎物是否解开。如未解开，应用快刀在接口背面轻轻纵割一刀，解开薄膜包扎物。

②苗木定植时，要适度掌握深浅。过深，土壤通透性差，不利于根系生长，以后地上部分长势也弱；过浅，易受强光及干旱胁迫，特别是当年7～8月高温干旱易引起失水干枯死亡。

③定植时或起苗后对苗木叶片的处理，要根据运苗距离、苗龄大小和种植技术而定。一般来说，苗木近地移栽、苗龄小、种植较有经验的，可以不去叶片，或仅去掉顶部生长不充实的嫩枝叶；相反，如苗木需长途运输的，可以去掉部分或全部叶片，以减少途中水分蒸发，提高栽植成活率。

④苗木定植后，立即做好定干工作。即在苗木主干接口以上保留25～35厘米高度，剪去顶梢，促使下部抽发新梢，以后选留3～4个健壮新梢作为主枝。如苗木已有分枝，且离地面高度适当的，可保留作为主枝，而发枝过低或近地面的应剪去，另行选留主枝。

生产实践证明，凡定植时做到“大穴、大肥、大苗”的，以及“苗扶正、根舒展、深浅适、土踏实、水浇足、盖松土”等环节的，其成活率都显著提高。

（5）雄株配植。杨梅属雌雄异株果树，在建园时应配植1%的杨梅雄株。

温馨提示

雄株定植位置除注意适当均匀分布外，应尽可能定植在花期的上风口。如产地已有野生雄株，可保留作为授粉树。

3. 大树移栽

（1）移栽时间。宜在萌芽前2～4月上旬移栽，选择在阴天或小雨天进行。

（2）移栽前准备。先挖定植穴，穴内填少量的小石砾及沙壤土。挖树时视树体生长情况进行整形和修剪，并做好伤口保护工作。

温馨提示

挖掘时需环状开沟，带钵状土球，挖后要及时修剪根系，剪平伤口，四周用稻草绳扎缚固定，并及时运到栽植地，忌长时间在阳光下暴晒。

（3）移栽方法。栽时把带土球的树置于穴内后，扶正树干，理直根系，再覆土，覆土高度应略低于土球，确保根系与土壤充分接触；然后踏实，浇水，使土壤充分湿润；最后再覆盖一层松土。

（4）移栽后管理。定植前期，要坚持早、晚对树冠进行喷水。高温干旱时，要及时浇水防旱。为防止高温日灼，要对树干进行涂白，也可用柴草绑缚树干遮阴，有条件的可搭遮阳网保护。

遮阳网防日灼

大树移栽

大树移栽后第二年生长情况

大树移栽后第三年生长情况

第 3 章
土肥水管理

一、土壤管理

土壤是杨梅根系赖以生存的基础。土壤的理化性质和肥力状况，直接影响着杨梅的生长发育。选择适合杨梅生长的土壤，加强杨梅园的土壤管理，是促进杨梅健壮生长的重要环节。

1.根际培土　山地杨梅园水土流失严重，每年应在杨梅根际进行培土，以改善根系分布和稳定根系的生态条件，提高杨梅防寒、防暑、抗旱的能力。培土一般就地取材，常用山地表土、草皮泥、焦泥灰、河泥等，可每年加厚根部土层3～6厘米。对土壤黏重的果园，宜加沙砾土和有机质，以改良土壤的通气性。对瘠薄的纯沙土或砾质土，应多施有机质或河泥等，以提高土壤肥力。

水土流失导致根系裸露

根际培土

2.深翻改土　深翻改土可以使土壤熟化，保持土壤疏松透气，促进树体健壮生长。深翻，对幼树管理来说，主要是扩穴改土；对成年树来说，主要是深耕。

(1) *幼树扩穴改土*。杨梅园新建种植时，受地形、人力物力等因素影响，往往定植穴开得不够大。随着杨梅树冠、根系的不

幼树深翻扩穴改土

断生长扩大，需要对定植穴以外的生土逐年深翻改土，以至3 ~ 4年完成第一轮的全园扩穴。一般深翻深度达30 ~ 40厘米。

（2）**成年园深耕**。成年杨梅园经雨水淋洗、管理作业践踏等，土壤往往变得较板结，根系生长受到影响，原则上要求每两年进行一次全园深翻，疏松土壤，更新根系。深翻深度以15 ~ 30厘米为宜，靠近树干处浅些，树冠滴水线外可翻深些，尽量少伤粗度1厘米以上的骨干根。深耕一般结合施用有机肥进行。

全园深翻改土

3.园地生草　幼龄杨梅生长量小，与山间杂草、杂树的竞争力弱，导致长势弱，生长缓慢，所以种植以后，要及时清除树冠直径1米范围内的杂草、杂树，一般一年内除草3 ~ 4次，有时结合翻耕进行。但并不要求新辟园根除所有杂草，这样容易水土流失，也不利于幼树生长成活。杨梅园种植不提倡清耕，易造成水土流失，年久将导致土壤肥力下降。因此，成年杨梅园多采取自然生草栽培，不行耕锄。一般每年割草2 ~ 3次覆盖，但木本植物和高秆草本植物应及时砍伐或挖除。有条件的，也可在树与树之间、树冠周围的坡面人工种植绿肥作物，防止水土流失，提高土壤有机质含量。

人工种植绿肥作物提倡秋季播种，因春季播种绿肥作物，其生长与杂草竞争弱，不利于生长。可选用白三叶、苕子、百喜草、紫云英等种植，每年6月杨梅采摘前和7月伏旱来临前，割草覆盖杨梅树盘。

坡地水土流失导致根系裸露

自然生草刈割覆园

白三叶

苕子

百喜草

紫云英

生草栽培

4.土壤酸度调节　南方山地红壤酸度较大，酸性较强，土壤pH较低，既影响杨梅根系生长，又影响水溶性磷的吸收。施用石灰，可降低土壤酸度，提高土壤pH，使土壤中的铝、铁沉淀，失去活性，提高磷元素的活性，还可提供大量钙元素，促进杨梅根系的生长发育，并加速菌根生长，提高菌根的固氮活性，从而促使树体充实，果实品质提高。石灰的施用量，视土壤的种类而定。一般而言，当土壤pH小于5.0时，应每亩撒施石灰50千克左右。

撒施石灰改良土壤pH

二、科学施肥

1.需肥特性　据测定：东魁杨梅未结果幼年树（18株/亩）每亩年养分吸收量，N、P_2O_5、K_2O依次为2.62千克、0.37千克、2.42千克，吸收比例为100 ∶ 14 ∶ 92；结果成年树（18株/亩，产量1 350千克/亩）每亩年养分吸收量，N、P_2O_5、K_2O依次为9.4千克、0.9千克、10.6千克，吸收比例为100 ∶ 10 ∶ 113；东魁杨梅未结果幼年树（18株/亩）每亩年施肥量，N、P_2O_5、K_2O依次为3.5千克、1.6千克、3.0千克，施肥比例为100 ∶ 48 ∶ 85；结果成年树（18株/亩，产量1 350千克/亩）每亩年施肥量，N、P_2O_5、K_2O依次为9.2 ~ 10.6千克、2.3千克、12.3千克，施肥比例为100 ∶ （21 ~ 25） ∶ （116 ~ 125）。

由上可知，无论幼年杨梅树还是成年杨梅树，对磷的吸收量都较少，分别仅占氮磷钾总量的6.8%和4.3%；而对钾的吸收量较多，分别约占氮磷钾总量的44.7%和50.7%。杨梅树体对磷的需求量特别低，而对钾的需求量高是杨梅营养生理的一大特性。杨梅虽然也需要较多的氮，但其菌根中弗氏放线菌有较强固氮活性，通常可满足杨梅生长发育的20% ~ 25%的氮量。杨梅菌根中弗氏放线菌还具有将土壤中的有机磷降解为有效磷的能力，一般可满足杨梅生长发育对磷需求的30%。而钾营养则完全靠施肥补充土壤中钾的不足。钙、镁、硼等营养元素也只有靠施肥来不断补充。

根据杨梅的需肥特点、根系生长特性，按照平衡施肥法，杨梅施肥应以钾肥为主（如草木灰、硫酸钾等），适施氮肥，少施磷肥，适当补充钙、硼、锌、钼、镁等中微量元素。

温馨提示

特别需要指出的是，杨梅对磷的需要量低，尤其是成年树，施用过多，会造成开花结果过多，果小、味酸、核大，品质下降，甚至造成树皮开裂等，但磷又是形成花芽原基的必需物质，因此，根据需要适当施用还是必要的，尤其在初生旺长树不易成花的情况下，适当施用磷肥，有利于促进花芽的分化，增加花量，促进结果。但在施用时要注意不能单独过量施用，要采取隔年施用的措施。

2. 施肥原则 杨梅施肥，应综合考虑土壤特性、品种特性、气候特性、肥源及其他栽培措施，才能达到施肥的预期目的。通常施肥中应掌握如下原则。

（1）*看土施肥*。不同的土壤，其理化性状和生物性状不同，对肥料种类、施肥量及肥料在土壤中的变化均有不同的影响。所以，杨梅施肥要根据土壤的种类及性状，确定施用的肥料种类、具体数量和施用方法。

（2）*看树施肥*。杨梅的品种不同，树龄、树势、结果量等不同，其施用肥料的种类和数量也应不同，所以要因树施肥。

（3）*看天施肥*。气温、雨量、空气湿度、光照和风等对土壤和树体的营养元素，以及根系和叶片（叶面喷施）对营养元素的吸收，均有不同程度的影响。所以应根据具体的气候条件进行施肥。

（4）*有效施肥*。要综合考虑土壤、树体、气候和栽培条件，采用有机肥、无机肥相结合，氮、磷、钾及其他中微量元素相结合的方法，按照平衡施肥法进行施肥，做到既不污染环境，又能提高肥料的利用率，使各种元素发挥最大的经济效益。

3. 施肥方法 根据园地立地条件，常采用表面撒施，施后覆土，或可采用环状沟施肥、条状沟施肥和穴状施肥等方法。如坡度较大的园地，也可将肥料施在上山坡，施后即覆土。杨梅肉质根容易损伤，开沟挖穴时注意少伤根。

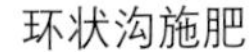
环状沟施肥

条状沟施肥

4. 不同发育阶段的土壤施肥

(1) *幼年树施肥*。杨梅幼年树施肥，以促为主，先促后控。1 ~ 3年生幼年树，以追施速效氮肥为主，每次抽梢前10 ~ 15天施1次，每株施稀薄人粪尿2 ~ 3千克，或尿素0.05 ~ 0.1千克，或三元复合肥0.1 ~ 0.2千克，加水施入，待新梢老熟前再进行一次根外追肥，促进枝梢老熟。随着树冠的扩大，适当增加施肥量，促进春、夏、早秋梢抽发健壮，尽快扩大树冠。第四年开始增施钾肥，每株施焦泥灰2 ~ 5千克或硫酸钾0.2 ~ 0.25千克，以缓和树势，促进花芽分化，为结果打下基础。

幼年树沟施有机肥

(2) *初投产树施肥*。初投产杨梅树由于枝梢生长旺盛（特别是东魁），不利于花芽分化，容易出现少花，或者花量虽多，坐果率却低的现象，梢果矛盾突出。为调节梢果之间的矛盾，促进花芽分化，提高坐果率，此期施肥要控氮、增钾、适磷，补充中微量元素，控制树体生长过旺，保持中庸树势。一般于采果后，株施硫酸钾0.5 ~ 0.75千克，加硼砂20 ~ 50克，少花旺长树可株施磷肥0.25 ~ 0.3千克，促进花芽分化，增加花量。

（3）成年结果树施肥。成年结果树，树势趋于中庸甚至衰弱，此期施肥目的是及时补充营养，使生长与结果处于平衡，达到丰产稳产，延长经济寿命。施肥的原则：以钾肥为主，适施氮肥，少施磷肥，重视施用有机肥，适当补充钙、镁、硼、锌等中微量元素肥，氮、磷、钾三要素比例以4 ：1 ：5左右为宜。

成年树沟施有机肥

①花前肥。2月开花前，对花量多、树势偏弱的树，一般株施硫酸钾0.5 ~ 1千克，树势衰弱的可加0.1 ~ 0.2千克尿素，目的是满足开花、坐果和春梢生长的需要，树势强或花量少的不施。如果是迟效肥（如有机肥等），则应在上年的10月中下旬至11月施入，经一段时间的腐熟，使杨梅在开花和长春梢时才可吸收到肥料。

②壮果肥。4月底至5月初视树况施肥，按株产50千克计，一般株施硫酸钾0.25 ~ 1千克，促进幼果发育膨大。树势强、挂果少的树不施。

温馨提示

此期应特别注意，不宜施肥过迟，过迟不利于果实正常成熟，影响品质，甚至有产无收。

③采后肥。关键在于施得及时，要求7月上旬抓紧施入，最迟在7月中旬前完成，其目的是恢复树势、促进夏梢抽生和花芽分化。以有机肥和钾肥为主，适施氮肥，按株产50千克计，株施焦泥灰25 ~ 30千克或腐熟豆饼2 ~ 3千克加焦泥灰15千克（或硫酸钾0.5 ~ 1千克），树势衰弱的可加0.2 ~ 0.5千克尿素或复合肥。但采果后树势较强且已有足

量的春梢、夏梢，就不宜施用速效氮肥。

以上3次施肥，在实际生产中，不是每次都要施，而是要根据树体生长情况，确定施或不施，一般每年施1～2次，在树势特别旺盛时可全年都不进行土壤施肥，以缓和树势，促进结果。

5.根外追肥　在杨梅生产过程中如发现因营养元素供给不足而影响树体正常生长发育时，可根外追肥，及时补充营养。

（1）开花前。以补硼、补锌为主，目的是提高花的质量，促进开花结果。肥料种类有：0.1%～0.2%硼砂（酸）、0.2%～0.3%磷酸二氢钾、0.2%～0.3%硫酸锌溶液等。

（2）幼果期。主要是补充多种营养元素，促进幼果发育，减少落果和畸形果发生。肥料种类有0.2%磷酸二氢钾、0.2%～0.3%硫酸钾、1%过磷酸钙浸出液等。果实转色期喷含钙叶面肥1次，可增加果实硬度，提高贮藏性能，但喷钙肥次数不能过多，浓度不能过高，否则果实过硬，影响品质。整个幼果期根据生长结果情况喷2～3次，每次选择1～2种肥料，不能滥用。

（3）采果后。主要目的是促进树势恢复。肥料种类有0.2%磷酸二氢钾、0.2%～0.3%尿素溶液、0.01%～0.02%钼酸铵、0.2%硫酸镁、0.3%～0.4%波尔多液（既可预防褐斑病，又可补铜补钙）等。

温馨提示

以上叶面肥，应根据需要有选择地进行施用，并且在幼果期施用时，不要与农药混合施用，以免产生药害。根外追肥最好在上午10时前或下午4时以后进行，并将叶背喷湿，有利于提高肥效。

三、水分管理

受栽培地区地理条件的限制，杨梅园大多依靠自然降水来维持生产。而杨梅在花芽分化期、果实膨大期、果实成熟期对水分比较敏感，此期水分过多过少都会对杨梅品质、产量及花芽分化造成较大的影响。因此，有条件的果园可采取人工灌水、控水等措施，做好水分管理，争取实现旱涝保收。

1. 人工灌水 灌水时间应按照杨梅树的生理特性和需水特点，综合土壤墒情、天气情况确定。果实膨大期如遇干旱，会影响果实的正常发育和膨大，降低果实品质和产量。8～10月如遇连续高温干旱，会影响树体的正常生长发育，特别是土壤贫瘠的沙质地，甚至会造成部分弱树旱死。在这些需水敏感期应该及时浇水，保证杨梅树体和果实的正常生长发育。灌水可根据水源和蓄水情况采用浇灌、喷灌和滴灌等方式进行。

2. 人工控水 目前主要应用设施避雨栽培技术达到果实成熟期土壤控水、树冠避雨的效果，从而提升品质，提高采收率，延长采摘期，提升经济效益。详见设施栽培章节。

四、水肥一体化

水肥一体化技术是灌溉与施肥融为一体的农业新技术。通过借助压力系统（或地形自然落差），将可溶性固体或液体肥料，按土壤养分含量和作物种类的需肥规律和特点，配兑成的肥液与灌溉水一起，通过可控管道系统供水、供肥，使水肥相溶后，通过管道和滴头形成滴灌，均匀、定时、定量浸润作物根系生长发育区域，使主要根系土壤始终保持疏松和适宜的含水量；同时根据不同作物的需肥特点，土壤环境和养分含量状况，作物不同生长期需水、需肥规律进行不同生育期的需求设计，把水分、养分定时定量，按比例直接提供给作物。

1. 基本要求 应用于丘陵山地杨梅果园的水肥一体化相对于一般平原的水肥一体化设计具有一定的特殊性，主要存在取水困难、引水成本高、电力供应不稳定等问题，所以设计主要立足以下3个方面进行考量：①根据杨梅的生长特性、基地环境等进行适用化、实用化设计；②充分考虑成本效益，从尽可能降低运营、运行成本的角度出发，进行组件、设备的选型；③保证一定的智能化水平，即尽可能引入部署施肥决策系统，实现杨梅灌溉决策智能化。

2. 系统组成及设计要求 智能水肥一体化技术应用系统主要由蓄水系统、灌溉首部、配肥系统、施肥系统、给水管网灌溉系统、智能物联网监测系统、施肥决策控制软件（平台）等组成。

（1）蓄水系统。蓄水系统应尽可能设置在丘陵山地杨梅果园的顶部等自然海拔最高点，为灌溉首部提供缓冲，减少压力损失。水源点应选择稳定、充足、安全的水源地（山塘、水库、河水、深水井），水源点应按就近原则选取。

（2）灌溉首部。灌溉首部需要根据灌溉系统管道对水中杂质的要求、建设成本等综合选定砂石过滤器、离心过滤器、自动反冲洗砂石过滤器、叠片过滤器等一种或多种过滤组合。同时，灌溉增压、恒压供水变频控制器应根据灌溉压力需求、输出流量需求、进水吸程要求、灌溉管网距离、用电环境等要求综合考虑部署。

（3）配肥系统。配肥系统可根据灌溉用量、肥料类别等综合考虑配肥池的配置，根据杨梅树体对氮、磷、钾、钙、镁等元素的需肥规律，选择商品性肥料或自行配备水溶肥料母液经稀释后使用，肥料母液应“现配现用”，同时应注意各元素母液配制分配，防止因产生离子反应而造成沉淀。

水肥一体化系统

（4）施肥系统。施肥系统根据杨梅园的面积选择泵吸法、泵注法、旁路文丘里注肥法、比例施肥泵注肥法、智能水肥控制器、旁路施肥机等部署。丘陵山地大面积灌溉宜选择智能水肥控制器（旁路式），可根据建设预算以及控制精度要求，尽可能选择智能化水肥灌溉系统控制的配肥系统，以实现杨梅水肥供给的精准调控。

（5）给水管网灌溉系统。根据控制面积大小、水量分配层次，管网可分为主管、支管、毛管等，管网设计应主要考虑管道用量尽可能少，管网压力尽可能保持均匀等。山地落差较大，主管如是上行管道必须合理计算山地落差形成的压力差，在合适的位置安装减压阀或缓冲水池，管道铺设纵横断面尽可能平顺，减少折点，有较大起伏时避免产生气阻，必要时安装排气阀，支管应与种植方向一致且应沿道路铺设，要注意支管压力不能高于滴头额定压力，低处应设置泄水装置；阀门布置应根据灌溉面积、灌溉次序等合理安排，应根据现场实际情况选择远程控制方式和电磁阀门，实现智能化控制；终端灌溉应根据杨梅栽植特性及用途选择压力补充滴灌头等，以选择外径32毫米的HDPE管道为宜，使用喷头的也必取采用HDPE材质，以加强其使用寿命。

根区滴灌

（6）智能物联网监测系统。智能物联网监测系统主要包括气象站、其他环境感知传感器及作物，根据实际的灌溉相关因素数据类型要求进行部署，为施肥决策控制提供准确的数据支撑，物联网传感器应采用无线传输、实时在线型设备，其类型根据杨梅生长相关参数的采集进行选型确认，土壤盐分、土壤水分、土壤 pH 传感器为常用物联网监测应用设备。

（7）施肥决策控制软件（平台）。施肥决策控制软件（平台）可根据智能物联网监测系统的感知环境、杨梅的生长情况及树体实际需求，结合农艺设定技术控制，实现水肥一体化系统的实时状态监测、设备运行控制、数据采集、施肥决策调控等智能化应用。

3. 系统运维管理　水肥一体化系统建成后应建立可靠的运营管理制度，对设备、管道进行定期检查检修，为园区内杨梅的水肥灌溉提供保障。水肥一体化运营管理关键要求包括：①管网系统定期巡视，为保障多级管网系统的安全运行，应定期进行检查巡视；管道应适时冲洗管理，检查用水水质，并彻底清洗管网。杨梅园水源大部分来源于山塘水或河水，水中的泥沙、腐蚀杂质污物易造成管道内污物沉积，堵塞管道出水口。冲洗时，优先清洗不常用灌区管道，利用高压水流依次反复冲洗过滤设备，如水泵、干管、支管和毛管的末端。②对水肥一体化系统的电控部分定期巡检，确保水泵、各电器元件性能良好，并做好备件的检测，避免因雷雨天气导致电器元件损坏后造成系统的不可用。③提高技术人员的业务水平，水肥一体化系统管理者应熟悉水肥一体化应用的运行流程，且必须了解和熟悉所管理的灌溉系统的分区及其面积、种植数量和操作程序。

第 4 章
整形修剪

整形修剪是杨梅栽培重要的技术环节。通过整形，培养便于管理、美观合理的树体结构，使树冠骨干强健，结果体积增大，以获得丰产和长寿。通过修剪，改善光照条件，调节营养分配，转化枝类组成，调节杨梅树体生长和结果的平衡。整形修剪节约了养分消耗，改善了树冠光照条件，减少了病虫害的发生，可以提高杨梅果实的品质。

整形修剪（上）

整形修剪（下）

一、整形

1.树形选择 根据杨梅生长的环境条件和生物学特性，一般采用低主干自然开心形树形，但树体生长旺盛和枝条直立性强的品种宜采用低主干疏散分层形树形。自然圆头形树形存在光照不足的问题，进入盛果期后，杨梅骨干枝容易光秃，易导致结果部位外移和表面结果现象，因此不适合在杨梅树上应用。主干形树冠高大，不利于山地杨梅园疏果、修剪、采摘、喷药等农事操作，而且容易受风害影响，更不建议选用。

2.整形方法

（1）低主干自然开心形。

①树体结构。主干高5～15厘米，或无主干，主枝3～4个，主枝在主干上分布的角度均匀，间隔距离适当，主枝基角为45°～50°。每条主枝上配置3～4个副主枝，在主枝、副主枝适当部位配置侧枝和结果枝群，树高控制在3.5米以下。

②具体整形方法。

方法一 边长边整

第一年

苗木定植后，在离地25～35厘米处定干，剪口下20厘米左右为整形带，春季发芽后，将整形带以下抽发的新梢全部抹除后作为主干。在整形带内选留3～4个生长健壮、分布角度和枝间距离适当的新梢作为主枝，其余枝梢全部抹除。留作主枝的枝条尽量使其以45°角向上延伸，任其生长。

春季萌芽前适当短剪所留主枝先端不充实部分，春梢抽发后，在先端选一生长健壮枝作为主枝延长枝。在主枝距主干60厘米左右处的侧下方，选生长势稍弱于主枝的枝梢作为第一副主枝，同一级别的副主枝选留方向相同，对当年抽发的新梢进行摘心，过密的从基部抹除。到秋季，按树形的要求，对生长方向、角度不当的主枝和副主枝，要通过撑枝、拉枝、吊枝等措施及时进行调整，保持主枝与主干基角为45°。秋季停梢后剪去主枝、副主枝延长枝上不充实部分。

第二年

拉枝

第三年

在主枝上第一副主枝对侧选留第二副主枝，第二副主枝与第一副主枝相隔50厘米左右，同时，将第一副主枝上的侧枝留30厘米左右短截，继续调整主枝、副主枝的生长方向和角度。

第四年

继续延长主枝和副主枝，在距第二副主枝对侧40厘米左右处选留第三副主枝，并在主枝、副主枝上继续培养侧枝和结果枝群，在不影响通风条件下，应尽量多留侧枝，使树冠尽快扩大，尽早进入结果期，通过4～5年培养，优质丰产的低主干自然开心形树形即可形成。

方法二 先放后理

种植时苗木定干高度25 ~ 35厘米，前3年任其自然生长，促进树冠迅速扩大，到第四年剪去中心直立枝，选留3 ~ 4个分布均匀、长势健壮、向上斜生的大枝作为主枝，在主枝上选留副主枝，如主枝、副主枝的生长方向和角度不适宜，可通过拉枝、撑枝、吊枝等措施调整，使主枝与主干基角为45° ~ 50°。拉枝后抽发的背上直立枝，应及时抹除。位置不当的或过密的大枝、徒长枝、直立枝从基部去掉，内膛枝尽量多保留，为花芽分化、提早结果奠定基础。通过整形形成凹凸、立体结果的树形，第四年至第五年内膛及下部开始适量挂果，主枝、副主枝继续延长，在结果的同时，进一步扩大树冠。该整形方法省工、操作简单、便于掌握，符合幼年期先促后控、轻剪缓放的修剪原则，是目前实际生产中应用较普遍的一种方法。

一年生苗定植第二年生长状

低主干自然开心形

（2）低主干疏散分层形。对树形比较直立、生长势比较强的品种，可采用低主干疏散分层形的整形方法。即种植时苗木定干高度25 ～ 35厘米，定干后3年内任其生长，树冠一般呈自然圆头形，第四年冬季修剪时，将整个圆头形树冠分成上下两层，在上下两层之间将向上的直立大枝从基部剪去，打开光路，小枝基本不剪，让其结果，上层过密的大枝适当剪除，这样修剪后，树冠立即从较直立的圆头形变为下部开张、中部凹凸、光照充足、上下二层的低主干疏散分层形树形，克服了自然圆头形光照不足，进入盛果期后骨干枝光秃、结果部位上移、表面结果的问题。这种修剪方法，进入结果期早，产量高，但要避免出现上强下弱的问题。

中部光路

低主干疏散分层形

二、修剪

1. 修剪技术

（1）疏删。从枝条的基部剪去整个枝条或枝群。主要疏除过密的侧枝、辅养枝、结果枝、主枝和副主枝背上的直立枝、树冠顶部过旺的强枝或扰乱树形的过多大枝等。一般幼树期，宜尽量多保留，以利树冠形成，但对于扰乱树形的枝条，宜及早去除。

（2）短截。从枝条上剪去1/3 ~ 1/2枝条。目的是刺激剪口下的芽萌发，促进多发新梢，用于更新结果母枝或衰弱树的更新复壮。幼树后期、初结果树不可短截过多、过重，否则不利于养分的积累和花芽分化，导致结果期推迟。

疏删

（3）回缩。将多年生枝条剪去一部分。与短截方法类同，但比短截修剪量大，刺激剪口下发梢作用大，往往是对枝组修剪而言。主要应用于多年生枝和结果枝组，目的是更新复壮，增强留下部分枝条的生长势。

回缩更新

（4）抹芽。即从基部抹除无用的嫩芽，又称为除萌。主要用在部位不适合或过密的刚长出新芽（梢），以此来节约树体养分。

（5）摘心。在生长期，摘除正在生长枝条顶部的嫩芽叫摘心。幼树摘心的作用是增加分枝级数，迅速扩大树冠，促进花芽分化，促进早结果。初结果树或生长过旺树，通过春梢摘心，可以减少营养消耗，提高坐果率。树冠内空秃部分的徒长枝通过摘心抽发长势较弱的二次枝，进而演变成结果枝。

抹芽

摘心

（6）拉枝。将直立或开张角度较小的枝条，用绳子拉成合适的角度。目的是使杨梅树冠开张，提高通透性，缓和枝条长势，促进花芽形成和提高坐果率，使树冠内外枝条都能结果，提早结果。这种方法在杨梅幼树整形、初投产树促产中应用普遍。

幼树拉枝

（7）撑枝。在距新梢5厘米左右处，或被支撑新梢的中下部，用适当长度的竹签插入基枝和新梢皮层将角度撑开，或用S钩、硬木撑开枝条基角的方法，其

目的与拉枝相同。

（8）环割。是指用刀具在一定部位的枝条上以环状或螺旋状切割，深达木质部。适于生长旺盛的树体，通过环割，使光合作用产物在环割处上部积累，有效促进花芽分化和提高坐果率。

S钩撑枝

杨梅树干环割

2.修剪时期

（1）生长期修剪。从芽萌动到春梢、夏梢和秋梢的萌发直至停止生长而进行的修剪称为生长期修剪。主要修剪方法有环割、拉枝、除萌、短截、疏删或回缩。

生长期修剪主要以春季补充修剪和夏季采后大枝修剪为主。春梢抽发后枝叶过密会影响果实的生长发育和转色成熟，此时应结合人工疏果进行补充修剪，确保树体通风透光。对树形凌乱、高大郁闭和内膛光秃的杨梅树，可结合采后大枝修剪进行整形和降冠，一般以疏删和回缩1～2个大枝为宜，切不可过度修剪造成树干晒伤，大树分2～3年完成。同时应做好大枝修剪后裸露枝干的防晒保护。

（2）休眠期修剪。杨梅的休眠期是从当年秋梢生长停止至第二年芽萌动之前，此期主要采取疏剪、短截、回缩相结合的修剪方式，往往修剪量较大，时间为11月至翌年2月。强树宜早剪，以11月至12月上旬修剪为宜，此期修剪既可避免抽发晚秋梢和冻害，又可使来年的春梢发梢量减少，对缓和树势、减少落花、增加产量有利；弱树宜迟剪，以2月上旬至2月下旬为宜，过迟影响开花。1月是全年最冷季节，修剪易造成剪口附近枝、芽受冻，因此，12月下旬至翌年1月冷空气来临前后不宜修剪。

3. 修剪方法

（1）初结果旺树的修剪。杨梅初结果树生长旺盛，营养消耗较多，花量偏少。对初结果旺树的修剪以延缓树势、促进花芽分化为目标。具体可以应用长放、拉枝等方法。通过长放缓和树势，通过拉枝增大枝梢分枝角度，控制顶端优势，提高树体养分积累，促进花芽分化。

温馨提示

对树冠内的过密枝，可采用疏剪的方法进行疏除。对旺长和徒长的枝组，可采用环割的措施，促进花芽形成。

（2）成年结果树的修剪。对杨梅成年树进行修剪，其目的是使树体生长和结果趋于平衡，缩小大小年幅度，提高果实产量和品质。一般杨梅树冠结果枝与发育枝各占1/2左右，可保持连年丰产稳产。

成年结果树的具体修剪方法

具体来说，对树冠上部和外围的结果枝组可以适当疏剪，对少量结果后已衰退的枝组可以回缩，保持内膛有适度光照，以防止骨干枝过早光秃，从而达到树冠内膛、外围均结果的目的。对主干或主枝上茂密部位发生的徒长枝，可全部疏除。而发生在树冠内缺乏主枝或副主枝部位的徒长枝，可进行适当短截，以促发小枝培养成主枝或副主枝。发生在中心干、主干或副主枝光秃部位的徒长枝，则应予以保留，使其演变为侧枝，增加结果部位。这样，便做到了疏剪、短截与甩放相结合。对于成年树的下垂枝，可以在下垂初期进行支撑和吊枝处理，后期过分下垂时，再逐渐剪除，以保持树冠下部和地面的距离不小于70厘米。另外，对过密枝、交叉枝、病虫枝和枯死枝，可将其从基部剪除。

总之，经过修剪，使树冠枝梢分布保持上多下少，外围疏内膛密，从而达到全面结果、整体丰产的目标。

（3）*衰弱树更新修剪*。杨梅树寿命长，一般肥水管理正常的，可有70～80年的经济结果寿命。但若管理不良或受病虫为害、自然灾害等影响，有的30年后树体就已明显表现出衰败症状，出现树冠高大而残缺不全，叶片稀少而枯枝增多，叶幕层薄而结果甚少，果实品质差的现象。对这种杨梅树，可以利用其潜伏隐芽进行更新复壮。具体要根据其衰退程度，选择局部更新修剪或全局更新修剪。

①局部更新修剪。对生长衰弱，但还具有一定经济产量和效益的树体，宜选用局部更新的修剪方法。春季萌芽前修剪与采后大枝修剪结合，一般分2～3年完成。

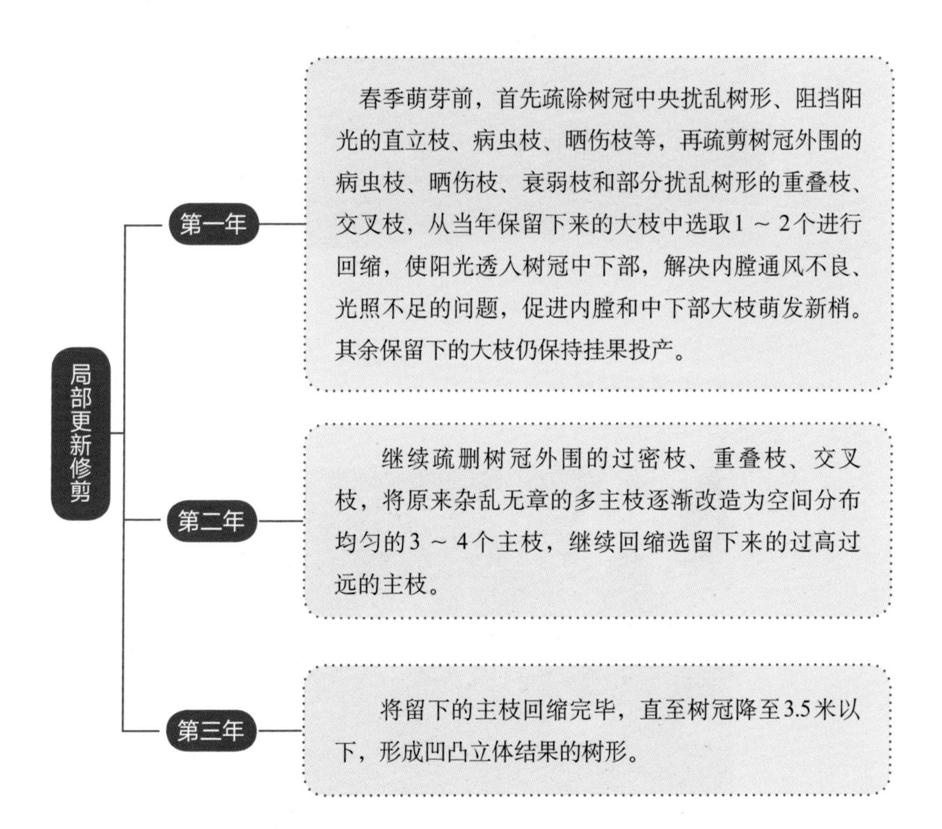

第一年更新修剪后内膛枝生长状

②全局更新修剪。对生长衰弱或年久失管、树冠外围的枝干逐渐枯死、几乎没有经济产量的树体，宜选用全局更新的方法进行一次性修剪改造，一般选在早春进行修剪。

衰弱树更新改造前

全局更新修剪

疏剪大枝

一次性疏去树冠内部多余的直立枝、重叠枝、交叉枝、病虫枝、晒伤枝、衰弱枝等问题大枝，达到整形的目的，使留下来的3～4个大枝疏密合理、分布均匀，呈自然开心形。

回缩大枝

对留下来的大枝，选在有健康枝梢发生的适当部位回缩，促发枝干上隐芽抽发形成树冠。注意主枝间高低错落回缩，不宜剪"平头"。不可过度回缩，宜选在距地面1.0～2.5米高度回缩，过度回缩影响后期树冠快速形成，回缩位置过高不利于树冠矮化。

新梢护理

抹除背上新梢、细弱梢和过密梢。对在光秃部位抽生的徒长枝进行摘心或短截或撑枝，培养成结果枝组；选留1个方向、角度、长势较好的枝作为主枝延长枝培养。

过度回缩修剪影响树冠快速形成

全局一次性更新改造后

全局更新改造后第二年冬季修剪后树况

温馨提示

特别注意：更新修剪应同时结合土壤深翻、肥水管理、病虫防治、伤口涂抹保护、枝干防晒等配套技术，才能取得良好的效果。伤口、枝干未及时涂抹和保护的，易引起腐烂干枯。不宜过迟修剪，容易引起春梢未及时抽发，导致夏季枝干遭受日灼而被晒伤。

伤口涂抹保护

不当修剪造成枝干严重晒伤、腐烂

第 5 章
花果调控

杨梅树体生长势旺盛，东魁更甚，如果栽植地土质较肥沃、施肥过量往往会使幼树、初结果树长梢过旺，从而影响正常花芽分化，或虽形成花芽，但开花结果时因春梢抽生、根系生长消耗了大量的营养，使花器受精后因营养不足而引起大量落花、落果。而坐果率太高、树体负载量太大，往往会导致树体衰弱，果实品质不佳，落果严重，甚至导致树体死亡。因此对旺长不结果树要采取控梢促花保果的措施，对过量结果树要采取疏花疏果的措施，以达到结果与营养供给的平衡，提高品质，克服大小年结果现象。

一、促花保果

1. 控肥控梢促花保果

(1) *控肥*。对于营养生长过旺树，当年可少施或不施氮肥，适当施用钾、磷肥，控制枝梢抽发，促进花芽分化，提高坐果率，保持杨梅中庸健壮树势，确保连年丰产稳产。

(2) *控梢*。开花与春梢生长同步进行，营养生长旺盛树，春梢抽发较多，影响正常开花坐果，在花期、结果初期当结果枝抽发的春梢长至1 ~ 2厘米时，抹去结果枝顶端的春梢，集中营养供应，以利于开花坐果。营养枝条萌发的嫩梢可以不摘心。

(3) *促花保果*。在杨梅开花前或谢花后喷硼、锌、钼等微量元素进行保果。如开花前可喷施硼肥、锌肥或翠康花果灵等，促进花芽膨大和花粉管的伸长；谢花后喷施钼肥，促进叶片增厚增绿，或喷绿芬威1号等，提高坐果率。

2. 多效唑控梢促花

(1) *适用对象*。适合生长旺盛的初生结果树和少花或少果的青壮树。幼龄树和衰弱树以及结果正常的成年树不宜使用。

(2) *使用方法*。选用喷施为宜，不建议土施，副作用大。用15%多效唑250 ~ 300倍液，7月上中旬夏梢长3 ~ 5厘米或8 ~ 9月秋梢长1厘米时喷施，以喷湿树冠为宜，促进花芽分化。喷多效唑的同时，可加入0.2%硫酸镁、0.2%硫酸锌、0.2%硼砂、0.2%硫酸钾等矿物质叶面肥进行保果。

①施药量不宜随意增大，过量使用易造成叶片扭缩畸形，花芽分化过多，新梢不能抽发，翌年结果虽多，但果小，成熟期迟，果实易腐烂，品质下降。②使用多效唑应与其他栽培措施相结合，才能发挥更大的作用。③多效唑在使用过程中，使用量过多会给杨梅生长结果带来严重后果，因此，发现使用量过多时，应立即对树冠喷洒0.3%尿素溶液或40毫克/升赤霉素补救。

多效唑过量使用导致树体生长萎缩

3.修剪控梢促花　通过拉枝或撑枝，扩大骨干枝基角和腰角，使枝条向外斜生，削弱生长势，促进花芽分化，有利于结果。6月下旬至7月上旬，对徒长的杨梅树在离地面30厘米以上，选择树干光滑部位进行螺旋状环割2～3圈，断皮不伤木质部。不宜环剥。

拉枝扩大基角

温馨提示

环割时注意只伤到韧皮部，若环割过重，伤及木质部，易引起秋季杨梅叶片变黄，大量落叶，甚至死树。

4. 断根控梢促花 旺长树在开花期适度断根，可起到控梢保果的作用。夏末秋初，沿树冠滴水线附近开浅沟，切断部分细根，可以起到促花的作用。

滴水线附近开浅沟断根

二、疏花疏果

1.疏剪短截结果枝 冬春季视树体生长情况，对花量过多的树，疏枝结合疏花，疏剪细弱、密生、直立性结果枝，直接减少花量，少部分结果枝短剪促发分枝。

2.人工疏果 杨梅疏果一般分2～3次进行，不能一次性疏果过多，否则会加重肉葱病和裂果病的发生。以东魁杨梅为例，第一次在盛花后20天（4月底至5月上旬），疏去密生果、小果、劣果和病虫果，每结果枝留4～6果；第二次在谢花后30～35天，果实横径约1厘米时，再次疏去小果和劣果，每结果枝留2～4果；第三次在6月上旬果实迅速膨大前定果，平均每结果枝留1～2果，长果枝（15厘米以上）留2～3果，中果枝（5～15厘米）留1～2果，短果枝（5厘米以下）留1果，细弱枝不留果。做到大年多疏，小年少疏。大年树春梢少，树冠上部应多疏，以疏促梢；小年树春梢多而旺，树冠上部多留果，以果压梢。

人工疏果

人工疏果（第一次）

东魁杨梅定果后留果情况

过量结果导致果实不能正常转色成熟

第 6 章
设施栽培

江南杨梅成熟上市期正值梅雨季降水集中期，易受风雨冲刷及果蝇、病菌侵害，影响杨梅果实的品质和采收。浙江省在全国率先示范推广杨梅设施避雨栽培技术，截至2022年底，浙江省有杨梅设施避雨栽培面积1.5万亩（其中大棚促成栽培面积4 000亩），主要采用大棚促成和网室避雨两种栽培模式，有效解决了杨梅生产中果蝇侵害、雨水冲刷两大技术难题。大棚促成栽培避开高温、降水集中期，使杨梅提早成熟上市；网室避雨栽培延迟杨梅成熟上市时间，延长杨梅采摘期，可提升杨梅品质，提高杨梅采收率，使果品质量安全有保障。

杨梅山地大棚促成栽培示范基地（浙江青田）

杨梅避雨栽培示范基地（浙江青田）

一、大棚促成栽培

1. 技术要点

（1）园地选择。大棚搭建要因地制宜，一般宜选择坡度＜35°、海拔≤400米、南坡、东坡或东南坡的投产期杨梅园地为好，不宜在地势陡峭、坡度大的园地搭建大棚。

（2）品种选择。选择东魁、荸荠种、早佳等适应性好、抗逆性强、丰产性好、品质优良的品种。

（3）树体改造。高大树冠应改造矮化至3.5米以下。衰弱树宜分2～3年回缩更新复壮。培养自然开心形树形。

（4）大棚搭建。

①大棚结构。

▶ 标准连栋钢架大棚：适用于平地杨梅园，面积3000米²为宜。参照《农用连栋钢架大棚设施技术规范》（T/ZJNJ 004）执行。

▶ 纵向顺坡拱形连栋钢架大棚：适用于坡度≤15°的缓坡杨梅园。采用纵向顺坡拱形结构，拱棚跨度6.0米、顺坡纵向跨度<50.0米为宜，顶高6.0米、肩高5.5米为宜，以盛果期树冠顶部距棚顶1.5米以上为宜。棚体前后立面和棚顶两侧分别设高度≥1米通风口。

大棚促成栽培

杨梅山地大棚促成栽培

平地标准连栋钢架大棚

纵向顺坡拱形连栋钢架大棚

▶ 横向沿坡阶梯式拱形连栋钢架大棚：适用于坡度≤35°的山地杨梅园。采用横向沿坡阶梯式拱形结构，拱棚跨度6.0米，沿坡以6个跨度为宜。上下相邻拱棚之间通过共用部分立柱和横杆连接，顶高6.0米、肩高5.5米为宜，确保盛果期树冠顶部距棚顶1.5米以上。相邻拱棚落差处、棚体前后立面分别设≥0.8米、≥1.2米通风口。

横向沿坡阶梯式拱形连栋钢架大棚

②材料要求。立柱、横杆、拱杆等应符合 GB/T 3091 的要求。扣件应符合 GB 15831 的要求。薄膜应符合 GB/T 4455 的要求。

▶ 平地标准连栋钢架大棚：参照《农用连栋钢架大棚设施技术规范》（T/ZJNJ 004）材料要求。

▶ 纵向顺坡拱形连栋钢架大棚：立柱、横杆宜选用管径≥48 毫米、壁厚≥1.8 毫米的热浸镀锌圆管；顶拱杆宜为管径≥36 毫米、壁厚≥1.3 毫米的热浸镀锌圆管；天沟壁厚应≥1.8 毫米，采用热浸镀锌板冷弯而成。

▶ 横向沿坡阶梯式拱形连栋钢架大棚：立柱、横杆宜选用管径≥48 毫米、壁厚≥1.5 毫米的热浸镀锌圆管；顶拱杆宜为管径25 毫米、壁厚1.3 毫米的热浸镀锌圆管；天沟壁厚应≥1.8 毫米，采用热浸镀锌板冷弯而成。

③搭建要求。

▶ 标准连栋钢架大棚：参照《农用连栋钢架大棚设施技术规范》（T/ZJNJ 004）搭建。

▶ 纵向顺坡拱形连栋钢架大棚：

a.立柱与横杆：立柱间距3米，设连接横杆3层，每层相距1.5～1.6米，上层横档和下立柱固定点距下立柱顶点＜0.2米；立柱基础宜为≥0.4米×0.4米×0.4米的水泥墩。

b.顶拱杆、顶拉杆与天沟：顶拱杆间距0.8米，设顶拉杆1道；每单棚间设天沟，天沟两端出水口处设排水管。

c.剪刀撑与斜撑：每隔3个立柱之间安装一套剪刀撑，棚四角用斜撑加固，材料规格同立柱。用标准扣件连接固定。应设置智能控温设备。

▶ 横向沿坡阶梯式拱形连栋钢架大棚：

a.立柱与横杆：棚体外立面横向立柱间距2.0米，纵向立柱间距1.5米；棚体内立面横向立柱间距4.0米，纵向立柱间距3.0米。横杆间距以1.2米为宜。立柱基础宜为≥0.4米×0.4米×0.4米的水泥墩。

b.顶拱杆、顶拉杆与天沟：顶拱杆间距0.8米，棚顶设顶拉杆1道，最低拱棚前棚顶、每相邻拱棚前棚顶设天沟，天沟两端出水口处设排水管。

c.剪刀撑与斜撑：拱棚每隔6米安装一套剪刀撑，棚四角用斜撑加固。用标准扣件连接固定。应设置智能控温设备。

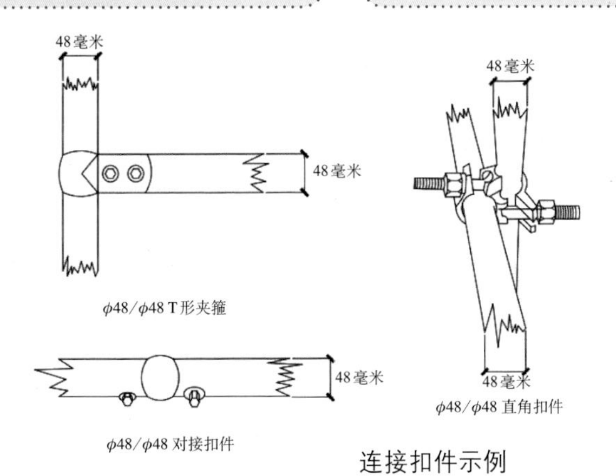

连接扣件示例

（5）大棚覆膜。选择高透光、高保温、无雾滴、无尘、无毒的聚乙烯膜或聚氯乙烯膜为宜，顶膜每年一换，厚度0.07 ~ 0.08毫米，边膜可2 ~ 3年一换，厚度0.10 ~ 0.12毫米。大棚覆膜一般12月底前完成，选择无雨无风或微风时覆膜，防止强对流天气对大棚的破坏。覆膜后注意防雪压棚，采后及时揭膜。

（6）温湿度管控。

①温度管控。12 月底前完成覆膜保温，采收后揭膜实行露地管理。通过控温设备控制通风口，覆膜后至果实转色期前，设置气温≥30 ℃时自动打开通风口降温，设置气温≤25 ℃时自动关闭通风口保温。果实转色期，夜间最低气温稳定在15 ℃以上时，停用控温设施，通风口开放。

温馨提示

注意标准连栋钢架大棚和纵向顺坡拱形连栋钢架大棚因通风口设在顶部，遇下雨要及时关闭。开花期、幼果期棚内温度低于0 ℃时，启用加温措施。

②湿度管控。通过通风和供水调节湿度。冬季棚内相对湿度宜为70% ~ 80%，开花期宜为60% ~ 70%，幼果期宜为70% ~ 80%，果实成熟期宜为65% ~ 75%。

（7）花果管理。

①促花保果。夏梢停长时，树冠滴水线附近开沟断根，沟深30 ~ 40 厘米。开花前或谢花后喷施0.1% ~ 0.2%硼砂、0.1%硫酸锌、0.1% ~ 0.2%钼酸铵等混合液保果。

②人工授粉。在棚内中上部，按雌株数的1%配置雄株，或适量高接雄枝。人工采集雄花粉，常温密封干燥备用。也可直接采集初花期的

悬挂雄花枝授粉

雄花枝插于盛水的容器中，悬挂于树冠中上部授粉。选择晴天上午11时至下午3时，棚内温度25 ～ 30℃，相对湿度低于70%时进行，打开所有通风口，可用风扇辅助风媒授粉。授粉分2次进行，20% ～ 30%雌花开放时进行第一次授粉，40% ～ 60%雌花开放时进行第二次授粉。

③人工疏果。参照第5章花果调控。

(8) 土肥水管理。

①翻耕。结合施有机肥每2 年土壤深翻1次，深度10 ～ 30厘米，靠近树干处浅翻，树冠滴水线外翻深，尽量少伤粗度1厘米以上的骨干根。深翻以夏、秋季为宜，遇秋旱不宜深翻。

②施肥。氮：磷：钾比例以1 ：0.3 ：4为宜。按株产30 ～ 40千克计，幼果期株施硫酸钾0.5 ～ 1.0千克；采果后株施复合肥0.5 ～ 1千克；秋冬基肥株施有机肥15 ～ 20千克。幼果期选用0.2%磷酸二氢钾、1%过磷酸钙混合液进行叶面追肥。采果后选用0.2%磷酸二氢钾、0.2% ～ 0.3%尿素、0.2%硫酸镁等混合液进行叶面追肥。

③灌水。覆膜前灌足水，开花期至转色期前8 ～ 10 天灌水1 次，土壤相对含水量宜为60% ～ 70%；成熟前20天停止灌水，土壤相对含水量宜为50% ～ 60%。

(9) 合理修剪。修剪时间为3 ～ 7 月、10月下旬至12 月。保持树体生长和结果平衡。弱树强剪，强树弱剪，使树形开张、通风透光、立体结果。

(10) 病虫害防治。注意病虫害绿色防控，在农业防治的基础上，综合运用理化诱控、生物防治方法；减少化学农药防治，切记果实采前15天禁止用药。

(11) 完熟采收。当东魁果实为深红色、荸荠种果实为紫黑色，肉柱由尖变钝圆，糖度达12%以上，全树50%果实成熟时即可采收、分级、包装销售。

2. 应用成效

(1) 提早成熟，延长采摘期。如东魁杨梅较露地栽培提早20天以上成熟，在浙江青田5月下旬上市，采摘期长达20天以上。

(2) 品质更优更稳定。设施环境适合杨梅果实生长，如东魁杨梅可溶性固形物含量12%以上，平均单果重25克以上，优质果率80%以上。

（3）提高采收率和经济效益。大棚栽培前期保温促成、后期防虫避雨，果实不易受雨水冲刷及果蝇、病菌侵害，采收率90%以上，亩采收量600千克以上，在浙江青田、兰溪等地目前市场售价100 ～ 200元/千克，亩经济效益达6万～ 10万元。

大棚与露地果实对比（浙江青田，东魁，5月20日）

果实大如乒乓球（大棚，东魁）

二、网室避雨栽培

1. 技术要点

（1）品种选择。选择抗性好、经济性状好的优良品种，一般宜选东魁等晚熟品种。

（2）树体矮化。网室避雨栽培的前提是树体矮化，新植园以培养低干、矮化自然开心形树冠为宜，高大树冠须逐年矮化改造后再实施，一般杨梅植株高度控制在2.5 ～ 3.5米。

（3）棚架搭建。

网室栽培

避雨栽培

▶ 单株网室避雨设施：采用市场定制的8条6米长DN 20热浸镀锌圆管搭建，在圆管一端2.5 ～ 3.5米处弯拱。以树干为中心，两两对称，一端固定于树冠四周，另一端在树冠上方两两连接固定，具体视树冠大小决定长端、短端朝上或朝下，上下坡落差大或树冠冠幅较大的，可采用夹接的方式补高或补宽。树冠顶部与棚顶、四周分别保持0.8米、0.2米以上的空间距离，确保棚内通风透光，防止成熟期高温引发日灼。

单株网室棚架

单株网室覆网后

上下坡落差采用夹接补高

单株网室避雨栽培示范基地

▶ 单体网室避雨设施：采用6米长DN20热浸镀锌圆管搭建，根据立地地形决定圆管弯拱位置，一般在2.5 ~ 3.5米处弯拱。以树干为中心，两条圆管顶端在树冠上方用DN15热浸镀锌圆套管夹接固定，另两端相对分别固定于地面，上下坡落差大或树冠冠幅较大的，可采用底部夹接的方式补高。棚体随杨梅栽植横向或纵向延伸搭建，具体视园地立地条件灵活掌握。要求树冠顶部与棚顶、四周分别保持0.8米、0.2米以上的空间距离。

单体网室避雨栽培示范基地

▶ 连栋网室避雨设施：参照大棚促成栽培设施模式搭建。

（4）*网膜覆盖*。网膜覆盖前灌足水分，做好病虫害防治工作。单株（体）网室避雨栽培模式采前40天全树（棚）覆盖30 ~ 40目的防虫网，四周用压膜卡固定于棚架上，基部用沙包压实，防止室外害虫进入网内，疏枝、疏果等农事操作可通过拉链口进出。视天气情况，采前15天棚顶覆盖0.07毫米厚的聚乙烯无滴膜或防雨布避雨，塑料薄膜或防雨布四角用绳绑至地面木桩固定。连栋网室避雨栽培模式采前40天棚体四

山地连栋网室避雨栽培示范基地

周覆盖30～40目的防虫网（包括通风口），起到防虫的作用，同时棚体顶部覆盖0.07毫米厚的聚乙烯无滴膜，起到避雨的作用。立地条件具备的，采前15天可覆盖3针遮阳网（遮阳率50%），遇高温晴热天气上午10时至下午4时覆盖遮阳网起到遮阳降温作用。采后及时揭去网膜。

（5）配套技术。网膜覆盖后继续做好疏枝疏果工作，确保树体通风透光，保持结果与营养供给的平衡。其他参照露地栽培技术管理。

单株（体）防虫网用压膜卡固定

2. 应用效果

（1）延迟成熟，延长采摘期。如东

魁杨梅较露地栽培成熟期延迟2～5天，浙江青田海拔高度500米的地区采摘期可延后至7月中旬。

(2) 提升品质。设施内小环境利于果实肉柱膨大，如东魁杨梅平均单果重可提高12%以上，优质果率提高25%以上。

网室避雨栽培杨梅果实（东魁）

(3) 提高采收率和经济效益。连续降雨天气情况下，采收率提高40个百分点以上。常年亩采收量600千克以上，目前市场售价30～40元/千克，亩经济效益达1.8万元以上。

第 7 章
病虫害防治

一、杨梅病害

（一）果实病害

主要病害
绿色防控

杨梅肉葱病 生理性病害

杨梅肉葱病，俗称杨梅花、杨梅火、杨梅虎、肉柱分离症、肉柱萎缩病。浙江省杨梅肉葱病的株发病率达20%以上，多时达40% ~ 50%，是杨梅果实上发生率较高的一种生理性病害。

【症状】 发病初期，在幼果表面出现破裂，绝大多数肉柱萎缩而短、细、尖，少数正常发育的肉柱显得长且外凸，状似果实上的小花；或绝大多数肉柱正常发育，而少数肉柱发育过程中与种核分离而外凸，并且以种核嵌合线上的肉柱分离为多，成熟后色泽变为焦黄色或淡黄褐色，形态干瘪。随着果实成熟，裸露的核面褐变，果面蝇虫吮汁，鲜果不能食用。

【发病规律】 一般长势过旺的树冠中、下部，或树势健壮却结果较多的树，或褐斑病发生较多的衰弱树，或土壤有机质缺乏而出现缺硼、

肉葱病严重发生症状

肉葱病中期症状

缺锌症的树，受害严重，其果实提早脱落；轻度受害的树，其果实也失去商品价值。在硬核后至果实成熟期，肉眼最易发现该病害。此外，东魁杨梅果实的发病率比其他杨梅品种稍高。

【防治方法】

（1）加强培育管理，保持中庸树势。衰弱树，应在立春和采果后，及时增施有机肥和钾肥，预防褐斑病的发生，增强树势和提高树体的抵抗力；强旺树，应在生长季节，人工疏删树冠顶部直立或过强的春梢约1/3，控制使用多效唑，使树冠中下部通风透光。

（2）多施有机肥和钾肥，满足供应硼、锌等微量元素肥。

（3）控梢控果。控制夏梢长度15厘米以下；按叶果比50 ：1疏花疏果，严格控制结果量。

杨梅裂核病　生理性病害

杨梅裂核病，又称杨梅裂果病，是发生在杨梅果实上的一种生理性病害。

【症状】以横裂为主，纵裂为次。有裂果与裂核两种症状。横裂果者以裸露的核为缺口，肉柱向两头断裂成团，且上部肉柱组织松散，下

杨梅裂核病中期症状

杨梅裂核病果实成熟期症状

部肉柱组织仍然致密，外露的核呈褐色；纵裂果者以肉柱左右上下无规则松散开裂，果核大面积外露，失水枯干，是肉葱病肉柱坏死症衍发的结果。裂核者以缝合线处开裂占绝大多数，核和核仁变成灰色的枯干果掉落地上。留树的裂核病果比裂果病果的寿命缩短15天以上。有的病果上同时还发生有肉葱病。

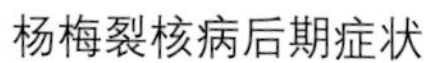

杨梅裂核病后期症状

杨梅裂核病核分离症状

【发病规律】一般发病始于5月上旬，5月中下旬为盛发期。以长势旺的东魁杨梅壮年树发病最多。此病发生后，果实均失去商品价值。

【防治方法】

（1）加强培育管理。培育中庸树势，合理修剪，增强通风透光性，重视硬核期后的人工疏果管理。

（2）叶面喷施磷肥。开花前或开花后，用1%过磷酸钙浸出液（浸24小时，并滤去杂质），喷施2～3次，可促进杨梅种核发育，裂核（果）率可控制在5%以下。

杨梅白腐病　真菌性病害

又称杨梅白腐烂，俗称烂杨梅。主要侵害杨梅果实，被害植株30%

以上果实腐烂，严重者达70%以上，被害果不能食用。

【症状】一般在杨梅开采后的中、后期，在果实表面上滋生许多白色霉状物（即白腐病）。随着时间的延长，此白点面积会逐渐增大，一般不到2天，这种带白点的杨梅果实即落地。

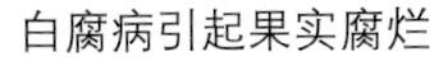

白腐病引起果实腐烂

大棚杨梅果实表面滋生许多白色霉状物

【病原和发病规律】病原以真菌界子囊菌门中的青霉和绿色木霉为主。成熟期雨水越多，杨梅成熟度越高，果实越易软腐，导致病菌滋生，发病猖獗。侵害初期，仅少数肉柱萎蔫，似果实局部过熟软化状。后期因果实抵抗力和酸度下降，吸水后肉柱破裂，蔓延至半个果或全果，果实软腐，并在里面产生许多白色霉状物（菌丝），孢子无色或淡灰色。果味变淡，有时还散发腐烂的气味。病菌在腐烂果或土中越冬，靠暴雨冲击将病菌飞溅到树冠近地面的果实上，以后再经雨水冲击，致使整个树冠被侵染。

【防治方法】

（1）避雨栽培。主要有伞式、棚架式、天幕式等避雨设施。在果实转色至成熟采摘期应用避雨设施，效果较好。

（2）改善树冠通风透光条件。利用大枝“开天窗”修剪技术，改善通风透光性，减轻病害的发生。

（3）及时采收。由于该病的发生与水分关系密切，因此防治关键是及时做好抢收工作。

（4）药剂防治。可选用450克/升咪鲜胺水乳剂1 500 ~ 2 500倍液，或25%吡唑醚菌酯悬浮剂1 500 ~ 2 500倍液，或36%喹啉·戊唑醇悬浮剂800 ~ 1 200倍液，或22.5%啶氧菌酯悬浮剂1 000 ~ 1 500倍液喷雾防治。注意安全间隔期和安全使用次数。

杨梅轮帚霉 真菌性病害

是杨梅果实贮藏期病害之一，发生普遍，危害严重。

【症状】感病果实表面分布绒毛状菌丝，受害果实发软腐败。

果实染病后菌丝呈絮状

感病果实表面分布绒毛状菌丝

【病原和发病规律】病原为子囊菌门真菌。果实感病后3天，表面出现灰黄色绒毛状菌丝，菌丝体不断向周围扩散，产生粉红色、针尖大小、带有黏液的孢子头。在PSA培养基上，菌落平展，呈粉红色，生长极快，4天后菌丝布满培养基斜面。菌丝体绒毛状，分生孢子梗直立，黄褐色，大小为（71.3 ~ 254.8）微米×（10.0 ~ 20.4）微米，直接从可育性菌丝上长出。顶端产生3 ~ 5根短枝，短枝竖直、不散开、小梗瓶状，大小为（9.9 ~ 13.0）微米×（2.6 ~ 3.1）微米，产生在次级短枝上。产孢结构由一层黏液包围，呈球形，直径为101.0 ~ 152.9微米。分生孢子长卵形或长椭圆形，无色单胞。在老培养物上，还见大量褐色厚垣孢子，间生或顶生，大小为（45.9 ~ 71.3）微米 ×（45.9 ~ 51.0）微米。

【防治方法】

（1）采收时尽可能避免人为或机械损伤。

（2）贮藏杨梅宜在成熟度为八九分时采收。

（3）贮放前采用紫外线灯进行物理杀菌。

（4）贮藏期保持温度0 ~ 2℃、相对湿度80% ~ 90%的环境。

（5）及时检查，发现病果立即处理。

橘青霉 真菌性病害

属杨梅果实贮藏期病害之一。除此之外，密闭杨梅园、雨水多的年份、果园湿度大、空气不流通也易发生。

【症状】菌落黄绿色，气生菌丝絮状或毡状，边缘白色，扩展快，受害果实发软、霉变、腐烂，引起落果。

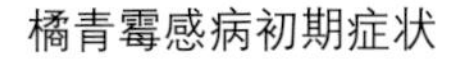

橘青霉感病初期症状

橘青霉致果实腐败

【病原和发病规律】病原为子囊菌门真菌。分生孢子梗垂直于菌丝，壁光滑，上生3 ~ 4个梗基，每梗基簇生6 ~ 10个瓶梗。分生孢子为球形，光滑。此病发生普遍，蔓延快，鲜果存放1天发现霉变，3天后病果率为15.2%，5天后达87.5%。病原借分生孢子飞散传播。

【防治方法】

（1）贮藏期间发病参照杨梅轮帚霉防治方法。

（2）科学施肥，合理修剪，保持树冠通风透光，减轻病害的发生。

（3）在果实转色至成熟采摘期应用避雨设施，防止病害发生。

绿色木霉 真菌性病害

属杨梅果实贮藏期病害之一。除此之外，密闭杨梅园、雨水多的年份、果园湿度大、空气不流通也易发生。

【症状】菌落黄绿色或暗绿色，气生菌丝初期白色、絮状、致密，产孢后显绿色。受害果实发软、霉变、腐烂，引起落果。

【病原和发病规律】病原为子囊菌门真菌。分生孢子梗为菌丝短侧枝，分枝繁复，瓶梗锥状或瓶状，基部狭窄，中部较宽，颈长，近直或弯曲。分生孢子多数为球形，壁粗糙。

【防治方法】参照橘青霉防治方法。

绿色木霉引起果实腐烂

绿色木霉引起果实腐烂落果

（二）枝叶病害

杨梅赤衣病 真菌性病害

杨梅赤衣病是近年来为害杨梅枝干的主要病害，开始以主干、主枝及侧枝等大的枝干发病较多，随着时间的推移，发病部位向树冠中上部小枝蔓延，引起树势衰弱，枝梢枯死，直至全株死亡。

【症状】杨梅赤衣病主要为害杨梅枝干。发病后，明显的特征是主干、主枝、侧枝及小枝的被害处覆盖一层橘红色霉层，以后逐渐蔓延扩大，龟裂成小块，树皮剥落，露出木质部，其上部叶片发黄并枯萎，导致树势衰退，果实变小，品味变酸，最后枝条枯死，直至全株枯死。此病在6月症状最为明显。

【病原和发病规律】病原由真菌界担子菌亚门层菌纲非褶菌目伏革菌侵染引起。杨梅赤衣病以白色菌丝在病部越冬，翌年春季气温上升树液流动时开始活动，并在老病斑边缘或病枝干阳面产生粉状物，随风雨传播，从树体伤口侵入为害，并向四周蔓延扩展。菌丝生长温度为10～30℃，最适25℃，一般3月中旬开始发生，4～6月为盛发期，11月后转入休眠。一年出现5月下旬至6月和10月两个高峰期。病害的发

杨梅赤衣病为害后枝干处覆盖橘红色霉层

杨梅赤衣病症状

生受降雨影响甚大。通常降雨有利于病菌孢子的形成、传播、萌发和入侵。在土壤黏重、积水和栽培管理粗放的果园，发病较重。

【防治方法】

（1）*严格检疫*。杨梅发展新区，不从病区引种杨梅苗木和接穗。

（2）*加强管理*。清除果园杂木，做好排水防涝工作，加强整形修剪，促进树体通风透光，增施有机肥料和钾肥，增强树势，提高树体抗病能力。

（3）*冬季清园*。冬季在做好整形修剪，剪除枯枝、病枝，清理果园枯枝、落叶的基础上，在发病枝干上涂80%石灰水防治，效果较好。

杨梅癌肿病 细菌性病害

杨梅癌肿病又名溃疡病，俗称杨梅疮。主要为害杨梅树干和枝条，是杨梅枝干上危害最严重的病害。

【症状】幼树和苗木发病较少，以结果树上发病较多，有些当年生的新梢上也有发病。发病初期，枝上产生乳白色小突起，表面光滑，后增大成肿瘤，渐变为表面粗糙、凹凸不平、呈褐色或黑褐色的木栓化坚硬组织。肿瘤大小不一，小的直径有1厘米左右，大的可达10厘米以上。主要为害枝干，尤以2 ~ 3年生枝梢受害最重，一根枝条上少则1 ~ 2个病斑，多的有5 ~ 8个，对枝梢生长产生严重影响。大树上发病，树皮粗糙开

癌肿病肿瘤

树干受害后呈木栓化坚硬组织

癌肿病侵害后杨梅树况

裂，凹凸不平。病菌形成肿瘤消耗树体大量营养，肿瘤形成后阻碍树体内营养物质的运输，导致树势早衰，严重时引起全株死亡，对杨梅生产危害极大。

【病原和发病规律】病原为丁香假单胞萨氏亚种杨梅致病变种，属细菌。病菌在树上或脱落在地上的病枝肿瘤内越冬。翌年春季4月底至5月初病菌从肿瘤内溢出以后，主要通过雨水溅散和随雨水自上而下流动而传播开来，另外还通过空气和枯叶蛾取食及接穗传播病菌。病菌主要从伤口侵入植株体内，如虫伤、机械伤、叶痕等。在20～25℃的温度条件下，经过30～35天的潜伏期后出现症状。新肿瘤从5月中下旬开始出现，在6月20日以后增多。该病的发生与气候条件关系密切，肿瘤在4月下旬，气温15℃左右时开始发生；此时如发生冰雹，病害就大量出现；6月气温在25℃梅雨连绵的情况下发生最快；9～10月又趋缓慢。温暖多雨、老树伤口多、树体衰弱，则易于发病。

【防治方法】

（1）做好植物检疫。禁止在病树上采接穗，严禁引进和出售带病苗木，一旦发现个别病株，应及时砍除集中处理。

（2）加强培育管理。加强土肥水管理，适当控花控果，确保营养生长和生殖生长平衡，增强树势；加强树体管理，合理整形修剪，及时剪除病虫枝和枯枝，清除落叶并集中处理，减少病虫源；做好剪口的处理和保护工作，避免病菌侵染。注意树体保护，尽量减少人为或机械损伤。

（3）刮除病斑。冬春修剪时，即新梢抽生前或果实采收后，注意剪除有肿瘤的小枝，特别是3 ～ 4月，在肿瘤中的病菌传播之前，切除大树干上的肿瘤，用刀刮净病斑，再涂药保护。剪除的病枝和切除的肿瘤，要及时做无害处理。

杨梅干枯病 真菌性病害

主要为害杨梅的枝干，引起枝干枯死，尤以树势衰弱的老杨梅树上发病多。

【症状】发病初期为不规则暗褐色病斑，随病情不断扩大，形成凹陷的带状条斑，与健康部位之间呈明显的裂痕，后期病部表面生有很多黑色小斑点（即分生孢子盘），起初埋生于表皮层下，成熟后突破皮层，露出圆形或槽裂的开口。发病严重时可深达木质部，当病部环绕枝干一周时，枝干即枯死。

【病原和发病规律】病原为半知菌类腔孢菌纲黑盘孢目黑盘孢科真菌。病菌是一种弱寄生菌，一般从伤口侵入，树势衰弱时才扩展蔓延，故发病轻重和树势关系密切。

【防治方法】

（1）加强培育管理。及时增施有机肥和钾肥，增强树势，提高树体抗病能力。

（2）保护树体。在农事操作活动（特别是采收）时避免损伤树皮，阻止或减少病菌从伤口侵入。

（3）修剪。及时剪除或锯去因病而枯死的枝条，并集中处理。

干枯病侵害枝干后出现的槽裂症状

干枯病枝干症状

干枯病侵害枝干后出现的凹陷带状条斑

杨梅枝腐病 真菌性病害

主要为害杨梅枝干的皮层，尤以老树的枝干上发病较多，致使枝干腐烂，树体早衰。

【症状】 枝干皮层被害初期，病部呈红褐色，略隆起，组织松软，用手指压病部会下陷。后期病部失水干缩，变黑色下凹，其上密生黑色小粒点（即孢子座），在小粒点上部长有很细长的刺毛，状似白絮包裹，枝枯萎，这一特征可区别于杨梅干枯病。天气潮湿时分生孢子器吸水后，从孔口溢出乳白色卷须状的分生孢子角。

枝腐病后期症状

【病原和发病规律】 病原为子囊菌门核菌纲球壳菌目腐皮壳科真菌。病菌是一种弱寄生菌，一般从枝干皮层的伤口侵入。以雨水或流动水滴传播。

【防治方法】

（1）加强栽培管理，土壤及时增施有机肥和钾肥，叶面喷布硼肥，增强树体的抵抗力。

（2）衰老树要及早更新，促使内膛萌发新梢，复壮树势。

（3）保护树体。在农事操作活动（特别是采收）时避免损伤树皮。若因树冠残缺而使枝干严重外露时，要及时涂白或包扎，以防日灼。

杨梅腐烂病 真菌性病害

主要为害杨梅主干分枝处，引起干腐和枝枯。

【症状】 主要在杨梅主干分杈处为害，引起树干皮层腐烂和枝枯。据调查，该病在湖南省发生普遍，危害严重，株发病率达20%～50%，病情指数15～25；发病严重的地区株发病率达50%以上，病情指数

30～40，严重地影响了杨梅产业健康发展。

杨梅腐烂病主干分杈处初期干腐状

【病原和发病规律】病原为核果壳集孢菌，属真菌。病菌以菌丝体、子囊壳及分生孢子器在树干病组织中越冬，一般借风雨和通过昆虫从树干伤口或皮孔中侵入。冻害所造成的伤口是病菌侵入的主要途径。

【防治方法】参照杨梅干枯病与枝腐病防治方法。

杨梅褐斑病　真菌性病害

杨梅褐斑病，俗称杨梅红点。主要为害杨梅叶片，引起大量落叶，花芽萎蔫，小枝枯死，树势衰弱，直至树体死亡。

【症状】病菌侵入叶片后，开始出现针头大小的紫红色小点，后逐渐扩大呈圆形或不规则，直径一般4～8毫米。病斑中央红褐色，边缘褐色或灰褐色，后期病斑中央转变成浅红褐色或灰白色，其上密生灰黑色的细小粒点（即子囊果），病斑逐渐连接成斑块，致使病叶干枯脱落，不久花芽与小枝枯死，对树势和产量影响很大。

褐斑病症状

褐斑病发病初期叶背症状

【病原和发病规律】 病原为子囊菌门腔菌纲座囊菌目座囊菌科真菌。病菌以子囊果在落叶或树上的病叶中越冬。翌年4月底至5月初开始形成子囊孢子，如遇雨水或空气潮湿，借风雨传播。从叶片的气孔或伤口侵入后，子囊孢子萌发，并不马上表现症状，一般经3～4个月的潜伏期，于8月中旬出现新病斑，10月下旬病斑数很快增加，病情加重，开始少量落叶，11～12月大量落叶。该病发病轻重与5～6月雨水多少以及园内潮湿和树势强弱关系密切。一年发病1次，无再次传染现象。

【防治方法】

（1）清除病源。清除园内的落叶，并带出园外集中处理或深埋，减少越冬病源，减轻翌年危害。

（2）加强培育管理。园内土壤要深翻，并增施有机肥料和硫酸钾、草木灰等含钾高的肥料，增强树势，提高抗病能力。合理整形修剪，剪除枯枝，增加树冠透光度，降低园间湿度，减少发病。

（3）药剂防治。11月至翌年2月，加强冬季清园，采用3波美度石硫合剂喷雾全树冠及地面。发病初期可选用25%嘧菌酯悬浮剂1 000～1 500倍液，或30%吡唑醚菌酯·腈菌唑悬浮剂2 500～3 000倍液，或33.5%喹啉铜悬浮剂1 000～2 000倍液，或6%井冈·嘧苷素水剂200～400倍液，或20%抑霉唑水乳剂600～800倍液，或43%氟菌·肟菌酯悬浮剂1 500～3 000倍液，或68%精甲霜·锰锌水分散粒剂600～800倍液喷雾防治。

杨梅炭疽病 真菌性病害

主要为害杨梅叶片、枝梢。

【症状】 发病初期在叶片两面产生圆形或椭圆形灰白色病斑，扩大后中间有黑色小粒点，晴天病斑易破裂穿孔。嫩梢被害则布满点点斑斑，逐渐落叶变成秃枝，同时由此造成烂果、落果现象。

炭疽病叶背症状

【病原和发病规律】病原为梅小丛壳，属真菌界子囊菌门核菌纲球壳菌目小丛壳属。在自然环境中仅为分生孢子，在培养基中能产生子囊孢子。病菌以孢子和菌丝体在被害植物的嫩梢上越冬，翌年5月上中旬再传播为害，到8月上旬达到高峰期。病菌生育最适温度为23℃，能耐30～34℃的高温及6～7℃的低温，但在50℃时仅10分钟即死亡。

【防治方法】

（1）增施有机肥料，少施氮肥，增强树体抗病能力。

（2）加强冬春季的整形修剪，减少病源。

（3）冬季清园。11月至翌年2月，采用3波美度石硫合剂喷雾全树冠及地面，可有效防治该病。

杨梅锈病　真菌性病害

俗称杨梅飞黄粉。主要在每年的3月中旬到4月中旬，为害杨梅芽、叶、枝梢和花。危害严重的福建地区，株发病率高达8%～12%。

【症状】杨梅的枝梢、叶、花、芽均易染病，病树提早开花且大量落花，后期大量落果，果型小。发病植株刚萌发的新芽，就产生橙黄色斑点，病斑破裂后，飞散出橙黄色的粉末。花器被害后，常还原成叶片，且多呈肥厚的肉质叶，上面有橙黄色的病斑。肉质叶不久腐烂掉落，大部分枝梢为秃头枝。

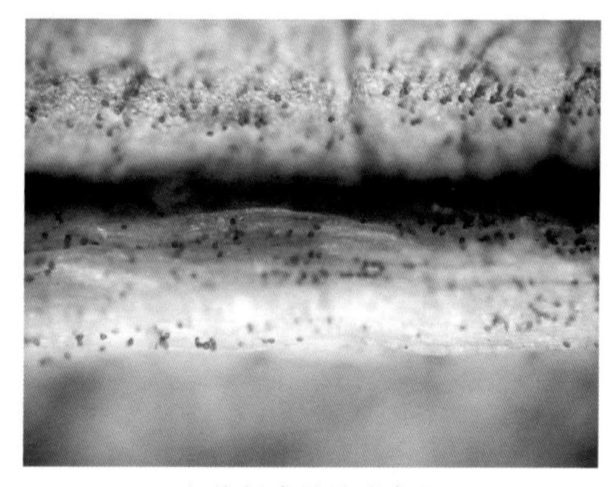

杨梅锈病枝梢处病斑

【病原和发病规律】病原为牧野裸孢锈菌，是担子菌门真菌。多产生性孢子及锈孢子。性子器着生在叶片上下两面，有孔口，上有棍棒状细毛，内藏无色球形性孢子。锈子器扁球形，长4～16毫米，内藏锈孢子。锈孢子卵圆形，橙黄色，大小为（20～42）微米×（15～25）微米，表面有细刺。病菌以菌丝在枝梢上的被害部位（特别是隆突部位）潜伏越冬，翌年春初由菌丝直接侵入幼芽为害，并以孢子进行广泛传播。发病程度与品种、土壤、树龄、海拔、施肥等有关。以海拔高度200米以下、地势平坦、土质为黑沙土栽种的树体，发病严重。初生树一般不发病，树龄越大，发病越重。

【防治方法】

（1）新开垦的初建园，在丘陵地区应以含有沙砾的红黄壤作为新发展基地，同时选用抗病、优质、高产品种栽培。

（2）健康壮年树，不能偏施氮肥或磷肥，要多施有机肥与钾肥；衰老树，要加强分年修剪，促使树冠更新复壮。

杨梅膨叶病 真菌性病害

在老叶、新梢上均能侵害。

【症状】每年3月下旬至5月上旬，有1～2次发生高峰。叶片被害后短小畸形，密集丛生，肥厚肉质，皱缩粗糙，凹凸不平。新梢被害后肥大短缩，停止老化。病部膨肿组织初呈深红色，后变为灰白色的粉状物（子囊层）。发病植株结果少而小或完全不结果，核果肉突刺少、汁苦涩，渐变僵果，未熟先落，树势早衰，形成明显大小年，树的寿命明显缩短。

膨叶病叶片短小畸形，密集丛生

【病原和发病规律】病原为梅外囊菌，属子囊菌门外囊菌目外囊菌科外囊菌属。以菌丝体在被害枝梢上越冬，翌年产生孢子，进行再侵染。丘陵黄黏土、灰泥地发病最重，病株率达40%～45%。沿海平原平坦沃土上的杨梅，常遭台风摇动，浅根受损，而且多数树体徒长，容易落花落果，膨叶病也较普遍。多年不施肥，土壤不肥沃，35～50年生的中老树，膨叶病株率高达75%以上。倒春寒及春雨过多的年份发病重。该病发生还与品种有关。

【防治方法】

（1）选用抗病的嫁接良种和含有沙砾的红、黄壤土栽植。

（2）更新感病老树。截断枝干上部，留下分杈树桩，并挖断部分根群，同时施入人畜粪肥和草木灰等肥料，使其增生新根，隐芽萌发新枝，或重新嫁接。

（3）科学用肥。一般于萌芽抽梢前的4～5月和采果后的6～7月施入追肥，也可在冬初于树冠滴水线外围打穴或挖短浅沟施入人畜粪肥、土杂肥、厩沤肥、堆泥肥等。

（4）冬季还应铲除果园四周杂草，剪除被害枝叶，扫除地面枯枝落叶，带到园外集中处理或深埋。

杨梅叶枯病　真菌性病害

主要为害杨梅叶片。湖南省杨梅的株发病率一般达25%～40%，叶发病率达15%～25%，病情指数10～20；发病严重的地区株发病率达60%以上，叶发病率达40%～60%，病情指数20～30。近年浙江等地区也相继发生。

【症状】病斑从叶尖或叶缘开始发生，在叶片上病斑初为针尖状的红褐色小点，然后逐渐扩大成圆形、椭圆形或不规则的红褐色病斑，有的病斑边缘有一褪绿晕圈，有的褪绿晕圈不明显，以后形成半圆形斑，或叶尖或叶缘枯死，病部深褐色，病健部交界明显，有的病斑中部干枯开裂，在病部有黑色小颗粒，为病原的分生孢子器。

杨梅叶枯病中期症状

【病原】病原为杨梅叶生拟茎点霉，属球壳孢目球壳孢科。分生孢子器近球形或扁球形，深褐色，起初埋生，成熟后突破表皮外露，直径167～230微米；分生孢子梗无色，基部分枝，产孢细胞瓶梗状，大小为（15～22）微米×（1.5～2.5）微米。甲型分生孢子，单胞，无色，梭形、腊肠形，用苯胺蓝乳酚油染色，有两个不着色的油滴，大小为（5.0 ~ 6.4）微米 × （1.5 ~ 2.0）微米。乙型分生孢子无色，丝状，多数一端作弧形弯曲，呈钩状，有的镰刀状，有的微弯，（14 ~ 25）微米 ×（1 ~ 15）微米。在PSA + 0.1%酵母膏培养基上，菌丝生长良好，5天后即可长满直径9厘米的培养皿。菌落初期白色，菌丝排列紧密，多数紧贴平板，少数菌丝伸向空间，到中后期菌落变灰白色；10天后开始产生小颗粒，为分生孢子器；分生孢子器初期为白色绒毛状小球，继续培养，小球变灰白色，后变深灰色至褐色，18天后分生孢子开始成熟，22天后分生孢子大量成熟。孢子成熟后，蜜黄色胶状物从分生孢子器顶部孔口溢出，镜检胶状物，为大量的甲型分生孢子和乙型分生孢子。

【防治方法】冬季采用石硫合剂清园，能有效抑制孢子萌发，但不能抑制菌丝生长。

杨梅小叶病 生理性病害

因杨梅树体缺锌引起的生理性病害。

【症状】 发病植株从枝条顶端抽生短而细小的丛簇状小枝，8 ~ 10个，多者15个，主梢顶部枯焦而死，植株枝梢生长停止期提前。病枝节间缩短，叶数减少，叶片短狭细小，叶面粗糙，叶肉增厚，叶脉凸起，叶柄及主脉局部褐色木栓化或纵裂。嫩叶长期不能转绿，远看呈焦黄色，重者嫩叶早期焦枯死亡。病枝不易形成花芽，即使形成也量少质差，产量锐减。

杨梅小叶病侵害后嫩叶长期不能转绿，远看呈焦黄色

【发病规律】多发生在树冠顶部，中下部枝叶生长正常。一般南坡向阳或土层浅的地方，该病发生较严重。

【安全防控】

（1）**喷施硫酸锌**。开花抽梢期（3～4月），剪去树冠上部的小叶和枯枝，并喷施0.2%硫酸锌水溶液。

（2）**土施硫酸锌**。早春或秋初，根据树冠、树体大小，在树冠地面浅施硫酸锌，每株树25～100克。

（3）加强培育管理，土壤切忌偏施、多施磷肥，否则会诱使小叶病的发生。

杨梅梢枯病 生理性病害

因杨梅树体缺硼引起的生理性病害。

【症状】梢枯、枝丛生、叶片小、不结果或少量结果是该病发生的主要症状。新叶早期停止生长，叶片狭小，叶缘向下反卷，顶叶焦枯成紫褐色，叶面淡黄色，叶脉凸起，主脉褐色并木栓化。丛簇状小枝一般当年秋后即枯死，犹如火烧，严重影响杨梅树势和产量。浙江兰溪、临海等地常有此病发生。

杨梅梢枯病侵害后的丛簇状小枝，呈火烧状

【发病规律】可全树发病，但在半株树或若干枝条上发病者多，也可树冠顶部发病，四周正常。为区别于缺锌的小叶病，常把它称为梢枯病。除坡向朝南、土层浅、不施有机肥、多施过磷酸钙等因子引起该病发生较严重外，还与土壤缺少有效硼、pH偏高、有机质含量少、交换性钙钾含量高及有效磷含量高等因子有关。

【防治方法】

（1）**土施硼肥**。果实采收后，根据树冠、树体大小，每株树穴施50～100克硼砂加100～200克尿素。

（2）喷施硼肥。花芽萌动前，剪去丛生枝、枯死枝，用0.2%硼砂（或硼酸）加0.4%尿素的混合液喷施1 ～ 2次，连续2 ～ 3年。

（3）多施有机肥或土杂肥。

（4）施用磷、钾肥时，配合施入硼肥。

（三）根系病害

杨梅根结线虫病 线虫病害

又称杨梅衰退病。主要为害杨梅树根部，致使树体衰弱，新梢纤细，落叶严重，大量枝梢枯萎，以及根群变黑腐烂等。

【症状】早期病树侧根及细根形成大小不一的根结，小者如米粒，大者如核桃。根结呈圆形、椭圆形或串珠形，表面光滑，切开根结可见乳白色囊状雌成虫及棕色卵囊；后期根结粗糙，发黑腐烂，病树须根减少或呈须根团，根结量也减少或在根结上再次着生根结；病树根部几乎不见有根瘤菌根。植株生长衰弱，新梢少而纤弱，落叶严重，形成枯梢等典型的衰退症状。

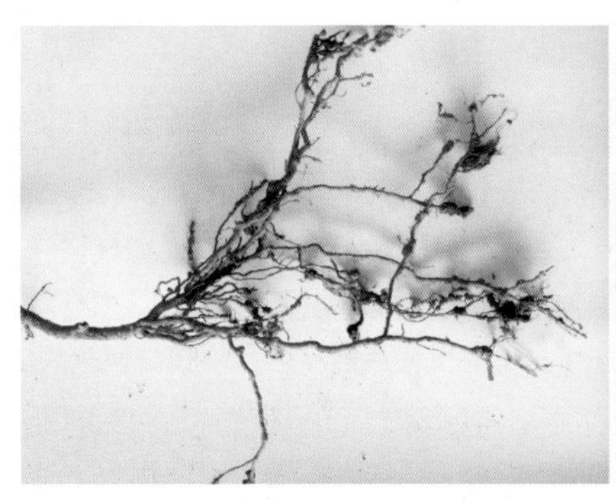
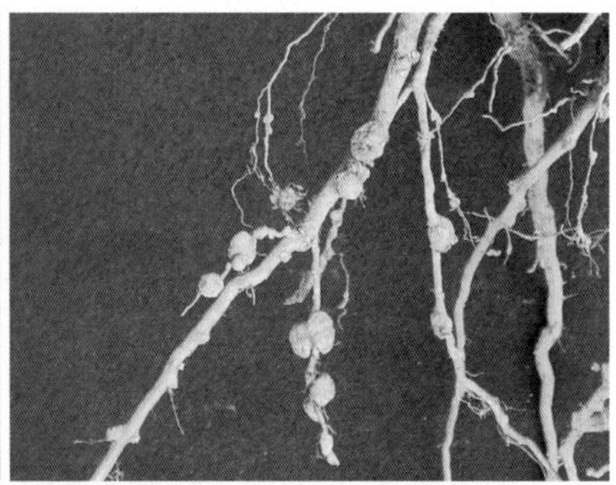

杨梅根结线虫病早期根结

【病原和发病规律】病原由多种根结线虫引起，其中主要有3种，即爪哇根结线虫、南方根结线虫、北方根结线虫，其中以爪哇根结线虫为优势种。根结线虫为雌雄异形，幼虫二龄时，从根尖侵入，寄生于皮层，然后转入根的中髓。主要以卵及少量雌成虫在根结中越冬。翌年初春大量侵染新生根，刺激根细胞过度旺长，形成大小不等的根结，呈块状。并因线虫的活动，使共生菌根不能形成或很少形成根瘤。但一般不影响春梢生长，而在夏秋季易见成叶黄化、脱落及梢枯等典型的衰退症状。病区中病树初期呈核心分布，之后迅速向四周扩展，2 ～ 3年后整个种植区的树发病，中心病株相继死亡。

杨梅根结线虫病后期根结发黑腐烂

【防治方法】

（1）用客土改良病树根际土壤，施入石灰调节土壤pH，增施有机肥和钾肥，增强树体抗性。

（2）严把苗木检疫关，防止将病原带入新产区。

杨梅根腐病 真菌性病害

主要为害杨梅根系。细根先发病，再蔓延至主根、侧根，致使树体青枯、死亡。

【症状】可分两种：一种是急性青枯型，另一种是慢性衰亡型。急性青枯型初期症状很难觉察，仅在枯死前2个月左右才有明显症状。叶片失去光泽，褪绿，树冠基部部分叶片变褐脱落，如遇高温天气，顶部枝梢出现萎蔫，但翌日清晨仍能恢复。采果前后如遇气温骤升，常常急速枯死，叶色淡绿，逐渐变红褐色脱落，仅剩少量枝叶，但翌年不能萌芽生长。此类型主要发生在10 ～ 30年生的盛果树上。慢性衰亡型初期症状为春梢抽生正常，但晚秋梢少或不抽发，地下部根系和根瘤较少，逐渐变褐腐烂。后期病情加剧，叶片变小，下部叶片大量落下，其枝条上簇生盲芽；花量大，结果多，果小，品质差；高温干旱天气的中午，顶部枝梢萎蔫，叶片逐渐变红褐色而干枯脱落，枝梢枯死，树体有半边先枯死或全株枯死。此类型主要发生在盛果期后的衰老树上，一般从症状出现至全株死亡需3 ～ 4年。

根腐病采果前地上部症状

根腐病采果后急性枯死

根腐病树体半边先枯死状

根腐病地下根系变褐腐烂

根腐病后期根部症状

【病原和发病规律】病原为葡萄座腔菌，属子囊菌门座囊菌目，无性阶段为球壳孢目的小穴壳菌，是一种世界性分布的真菌。病菌从伤口侵染，或从根系的细根上开始发病，而后向侧根、根颈部及主干扩展蔓延，病原进入木质部维管束，菌丝体在维管束内增殖，从而使根的形成层和木质部维管束变褐坏死，最后导致全树生长衰弱和急性青枯。

【防治方法】

（1）*加强肥培管理*。土壤深耕松土，增施有机肥和钾肥，增强树势，提高抗病力。

（2）发现病株及时挖除，带到园外并集中处理。

（3）不在桃、梨等寄主植物园内混栽杨梅。

（4）园内该病发生严重的地块，应耙土并剪除病根，撒上生石灰。

（四）系统性病害

杨梅凋萎病 真菌性病害

2004 年以来，在浙江瑞安、黄岩、仙居、临海、天台等杨梅产区首先发现一种突发性枝叶凋萎病害，并有逐年加重之势。它不同于杨梅根腐病、根结线虫病，发病树体 2 ～ 3 年相继枯死，并有不断蔓延扩展的趋势，对杨梅产业的可持续发展产生严重影响。

【症状】该病发生时，杨梅枝梢叶片首先急性青枯，后渐渐变枯黄、褐黄直至枯死，症状初现时一般不落叶，1 ～ 2 个月后才渐渐落叶。湿度高时，落叶后的叶痕有白色绒毛状菌丝长出，有时蔓延到枝干及枝条伤口处。发病部位木质部受害呈褐色或深褐色。根系受害明显，切断后根部组织颜色变深呈褐色。无论顶枝还是内膛枝均有不同程度的发生，先零星发生后渐渐增多，逐渐扩大呈成片发生，山脚往往比山顶严重。幼树发病后，在 1 ～ 2 月内地上部分渐渐枯死，并伴随枝干韧皮部开裂，根系枯死。大树发病当年枝梢枯死而枝干正常，严重影响树势，树冠逐年减小，2 ～ 4 年后杨梅园整株连片枯死。发病时间以秋季为主。

凋萎病树冠上部枝梢零星叶片枯黄

叶痕处长出白色绒毛菌丝

凋萎病枝梢叶片脱落状

凋萎病为害2 ～ 3年后植株地上部症状

凋萎病枝干木质部变褐色

凋萎病根系变褐腐烂

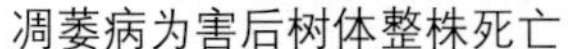

凋萎病为害后树体整株死亡

凋萎病为害后树体连片死亡

【病原和发病规律】病原系拟盘多毛孢属异色拟盘多毛孢和小孢拟盘多毛孢。该病于9月至翌年3～4月集中暴发，具有广泛性、暴发性与毁灭性。主要在夏末秋初开始出现，首先树体冠部枝梢出现零星叶片急性青枯，之后顶部、外围枝条及内膛枝均有不同程度的青枯。树干以及根的木质部变褐色。翌年春季发病症状有所减轻，甚至可正常抽梢生长与结果，与正常枝梢无异，但到秋季又出现更为严重的发病症状，发病枝梢增加，树势进一步变弱，病情逐年加重，如此反复 2～4 年后整树枯死，并伴随枝干韧皮部开裂，根系枯死。品种间感病性有明显差异，各地发病品种以东魁居多，其他品种发病较轻。管理措施对杨梅发病有影响，肥料施用过多、修剪严重的树更容易发病。

【防治方法】

（1）*植物检疫*。严把杨梅苗木质量关。按照局部地区发生、危险性大以及能随种子、苗木人为传播等 3 个确定植物检疫对象必须具备的条件，建议将杨梅凋萎病列入检疫对象。严格控制无病区引进种植外来检疫对象的苗木，须持苗木检疫合格证方可准入。

（2）*农业防治*。

①挖病死株。发现病株，立即剪除病部；对濒死株及病死株，连根挖除，集中处理，并注意对树穴和修枝剪等工具进行消毒，以减少杨梅园的相互传播。

②促发新根。发病树体根系受害明显，根部颜色变深呈褐色，根系多腐烂、枯死，须根少。秋季或春季，对发病杨梅园进行全园土壤深翻，深度20～40厘米为宜，挖除腐烂根系，对部分健康根系进行适当修剪断根，结合施用生物有机肥促发新根，使根系得以更新。

③科学施肥。发生枝叶凋萎病的杨梅其根部须根受到严重破坏，内部菌根菌丝多数崩解，根围土壤内的菌根孢子多数破裂、内容物泄露。杨梅植株感染凋萎病后严重影响总氮在植物体内的分配及植株从土壤吸收氮的总量。杨梅凋萎病的发生，严重影响了钙元素在树体内的分布及吸收量。因此，严格控制等量氮磷钾复合肥施用，适当进行氮钾配方施肥，注重硼、锌、钙、钼等中微量元素施肥，培养中庸健壮树势。可增施黄腐酸钾型有机肥料或专用全价缓释肥料，调整土壤pH，增加土壤有机质含量，保持生殖生长与营养生长平衡。

④合理修剪。由于该病属系统性病害，具有近距离传播特性，植株感病后的病部周围木质部变褐色，病株在任何时候修剪均须使用专用剪、专用锯，且要及时涂抹伤口保护膜，及时清理落叶、剪除或锯去枯枝。

⑤控梢。东魁杨梅因生长过于旺盛而不易结果，特别是秋梢过多、长势过旺的树体，翌年即使秋梢开花也难以产出优质果实，而且导致上一年春梢、夏梢不结果。因此，众多生产者常采用15%多效唑，虽然在短期效果较好，但此方法如月积年累，终将导致病缠树体，寿命短暂。可采用拉枝、撑枝、弯曲等方法，让树冠通风透光，让易坐果的内膛枝、下垂枝、平生枝先结果，以果压梢，保持生殖生长与营养生长平衡。

⑥冬季清园。每年11月至翌年2月，先用专用剪刀或锯子将杨梅树病枝、枯枝等采用疏删方法进行冬季修剪，再清理（深埋或药剂集中处理）地上落叶、落枝，最后进行全树冠、全树盘喷洒石硫合剂。根据危害程度每年喷1～3次，每次间隔1个月。

（3）*抢救措施*。对中度以上已感病的杨梅植株，可采用以化学防治为主的综合防治方法，包括全树喷雾、树干注药、吊瓶注射、主干涂药、树盘浇药等方法。

在治疗或康复期间建议不挂果。

经浙江省农业科学院实验室试验，25%咪鲜胺乳油、25%丙环唑乳油、50%吡唑醚菌酯水分散粒剂、10%苯醚甲环唑水分散粒剂、50%异菌脲悬浮剂（98%原药，德国拜耳公司）5种农药对该病菌有较好的抑制活性。选择树体萌动前期喷药1～2次，春梢生长期喷药2次，夏梢、秋梢生长期喷药3次，间隔期15天。或将异菌脲、丙环唑、苯醚甲环唑和咪鲜胺原药，分别配制成5%异菌脲、2%丙环唑、5%苯醚甲环唑和5%咪鲜胺，再用50毫升自流式注药器包装备用。用直径5毫米电钻在主干离地5～10厘米处钻一小孔，用刀片将注药管削出一斜面，插入所钻出的小孔，注药过程避免药液外渗。注干施药处理在每年2～3月进行，每树注药剂量为200毫升。此外，5月初、8月初分别用0.1%～0.4%硫酸亚铁溶液对准树冠喷雾1～2次，效果较好。

凋萎病轻中度发病树体
（2021年2月）

凋萎病轻中度发病综合防治第三年
树体（2023年6月）

二、杨梅虫害

（一）果实虫害

主要虫害
绿色防控

黑腹果蝇 食果害虫

属双翅目果蝇科。又称杨梅果蝇、红眼果蝇。

【为害特点】 主要在田间为害杨梅果实。当果实由青转黄，果质变软后，雌成虫产卵于果实表面，孵化幼虫蛀食果实。受害果实果面凹凸不平、果汁外溢和落果，产量下降，品质变劣，影响鲜销、贮藏、加工及商品价值。有些年份被害果率高达60%以上，是杨梅果实的主要害虫之一。

黑腹果蝇成虫在果面上产卵

受害果实果汁外溢

【形态特征】 成虫：体长4 ~ 5 毫米，浅黄色或灰黄色，复眼红色或暗红色，触角具芒状，第三节粗大，椭圆形至长圆形。中胸背面横排11列刚毛，前面5列，后面6 列，无小盾前鬃，小盾后鬃2行2列。胸部和腹部均生有较密的黑褐色短毛。前翅具有2个黑色斑块，前缘脉有缘褶2个，具臀室。雌成虫比雄成虫体型大，腹末较尖削，腹背有5条黑色条纹。前足第一跗节无性梳，雄成虫腹末圆钝，腹部背面有3条黑纹，前2条较细，后1条粗并且延伸至腹面，第四五腹节背面黑色。

卵：梭形，初产水滴状润白，后白色，长0.4 ~ 0.5毫米，前端背面有2根触丝。

幼虫：白色，无足型，无头。体躯尾端粗，前端稍细略呈楔形，每一体节有一圈钩刺。体前端具黑色口钩，在口钩基部左右各有一唾腺。整个体躯稍呈半透明状，透过体壁可见消化道内有断线状黑褐色食物消化残留物。

黑腹果蝇幼虫为害果实

蛹：略呈梭形，前端有2个呼吸孔，后端有尾芽，初时淡黄色，后颜色加深，近羽化时深褐色。

【发生规律】终年活动，特别是在杨梅果实即将成熟时，成虫产卵于果实表面，孵化幼虫蛀食果实。繁殖速度极快，世代重叠，历期短，全年各虫态同时并存，无严格越冬现象，在冬季天气晴朗、气温回升至10℃以上时，室内外均可见到成虫活动。在室温21 ~ 25℃、相对湿度75% ~ 85%条件下，第一代历期仅4 ~ 7天，其中成虫期1.5 ~ 2.5天，卵期1 ~ 2天，幼虫期0.6 ~ 0.7天，蛹期1.1 ~ 2.2天。成虫常见于腐败植物及果实的周围，大量产卵于其中。在杨梅果实着色之前，生果不能成为果蝇的食物，食源条件差，果蝇发生少，并不造成危害。杨梅进入成熟期后，果实变软，果蝇有合适的食物，随之盛发为害，并随着杨梅的采收，果蝇数量下降。杨梅采收后，树上残次果和树下落地果腐烂，有着丰富的食物，又会出现盛发期，随着残次果及落地果的逐渐消失，虫口又随食物的缺少而下降。杨梅果蝇发生盛期在6月中下旬和7月中下旬两个食源条件极好的时期，以6月中下旬发生危害最为严重，田间每果内虫口数由数头至百头以上不等，老熟幼虫从上午8 ~ 9时开始逃离果实，钻入土中3 ~ 5厘米或在枯叶下或在苔藓植物内化蛹，也在树冠内隐蔽的果面和叶片上化蛹。

【防治方法】

(1) 清洁腐烂杂物。5月中下旬，清除杨梅园腐烂杂物、杂草，降低虫口基数，减少发生量。

（2）清理落地果。将杨梅成熟前的生理落果和成熟采收期的落地烂果及时捡尽，送出园外一定距离的地方覆盖厚土，可避免雌蝇大量在落地果上产卵及繁殖后返回园内为害。

（3）网捕成虫。保护和利用有益蜘蛛，使其在杨梅树间结网，捕捉成虫。

（4）诱杀成虫。利用果蝇成虫趋化性，当杨梅果实进入第一生长高峰期，用敌百虫、香蕉、蜂蜜、食醋按10∶10∶6∶3的比例配制成混合诱杀浆液，每亩约堆放10处进行诱杀，防治效果显著，好果率达96%。或用敌百虫、糖、醋、酒、清水按1∶5∶10∶10∶20的比例配制成诱饵，用塑料钵盛装置于杨梅园内，每亩放置6～8钵，诱杀成虫，定期清除诱虫钵内虫子，每周更换一次诱饵，效果也较好。或用黄色粘虫板，于杨梅果实成熟期间，直接悬挂于结果树内膛枝上，每株挂1张，效果较好。

（5）利用趋光性诱杀。利用果蝇成虫的趋光性，在杨梅园每10亩安装1盏黄绿光灯（果蝇趋性最强的光源波长为560纳米）诱杀果蝇成虫效果最好，或每30亩安装1盏频振式杀虫灯诱杀果蝇成虫效果也较好。

（6）罗幔覆盖。在杨梅采收前40天，将40目防虫网帐覆盖在钢架上，单株全树覆盖或若干株连在一起覆盖，可达到对果蝇的显著防效以及增效的目的。

杀虫灯诱杀果蝇成虫

罗幔覆盖隔离果蝇

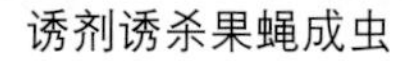

诱剂诱杀果蝇成虫

黄板诱杀果蝇成虫

（7）农药防治。果实转色期可选用60克/升乙基多杀菌素悬浮剂1 500 ～ 2 500倍液，或0.5%依维菌素乳油500 ～ 750倍液，或100亿孢子/毫升短稳杆菌悬浮剂300 ～ 500倍液，严格遵循农药使用安全间隔期。

在贮藏期为害杨梅的果蝇主要是拟果蝇、高桥氏果蝇和伊米果蝇3种，可通过降低贮藏环境温度达到预防效果，如将果实贮藏于2 ～ 5℃的冷库内预防。

夜蛾类 食果害虫，刺吸汁液

属鳞翅目夜蛾科。

【为害特点】系杂食性害虫，以成虫口器刺入果实吸取汁液，被害果以刺孔为中心发生软腐或黑色干腐，极易脱落。为害杨梅的夜蛾主要有嘴壶夜蛾和枯叶夜蛾。

夜蛾成虫口器刺入为害后的果实

【形态特征】

（1）嘴壶夜蛾。

成虫：雌成虫体长18毫米，翅展38毫米，头部棕褐色，腹部背面灰白色，触角丝状，前翅茶褐色，有N形花纹，后缘缺刻状。雄成虫触角单节齿状，前翅色泽稍淡。

嘴壶夜蛾成虫

卵：近球形，初产时黄白色，后现棕红色花纹，卵壳上有较密的纵向条纹。

幼虫：老熟时体长约44毫米，漆黑色，背面有许多彩色斑点，排成两行。

蛹：长约17毫米，赤褐色，常有叶片等包裹在外面。

（2）枯叶夜蛾。

成虫：雌成虫体长约40毫米，翅展约100毫米，头、胸均呈棕褐色，腹部背面橙黄色，前翅灰褐色，有一条斜生的黑色斑纹，翅上有许多小黑点，后翅黄色，有肾状和羊角状黑色斑纹。雄成虫略小。

枯叶夜蛾成虫

卵：长圆形，乳白色。

幼虫：老熟时全体紫红色或灰黑色，身体第五节两侧有一对蛇形斑纹，第六节有一对月形斑纹，第九节上有花白色斑。

蛹：赤褐色，蛹外有黄白色丝将叶片黏裹在一起。

【发生规律】

（1）嘴壶夜蛾。在浙江省1年发生4代，以幼虫或蛹越冬。5月下旬至6月上旬以成虫为害果实，并以口器刺入吸取汁液，被害处外观有针头大小的刺孔，后果实逐渐腐烂或略有凹陷，呈黑色干腐。此虫白天潜伏在杂草丛中栖息，晚上出来为害，较难发现。气温在10℃时未发现活动，到16℃时活动增多；另外，风力在4级以上时，成虫停止活动。

（2）枯叶夜蛾。在浙江省1年发生2～3代，以成虫越冬。每年3～11月均可见到成虫，其中5月下旬至6月上旬夜间取食杨梅果汁，并交尾产卵。

【防治方法】

（1）铲除幼虫食料植物。杨梅园间不套种黄麻、芙蓉、木槿、防己等，4月铲除杨梅园中的通草、汉防己、木防己等植物，切断幼虫食源。

（2）灯光诱杀。5月下旬至6月上旬，利用成虫趋光性，点黑光灯诱杀成虫。

（3）灯光拒避。用金黄色荧光灯拒避，可减轻危害，一般每公顷果园装10盏荧光灯。

（4）药剂诱杀。将糖醋液盛装好后悬挂在杨梅树上诱杀成虫。

（5）生物防治。保护和利用赤眼蜂、黑卵蜂等寄生蜂；利用有益蜘蛛结网捕杀成虫。

（二）枝叶虫害

卷叶蛾类 食叶害虫

属鳞翅目卷叶蛾科。幼虫俗称青虫、红虫、丝虫和卷叶虫。为害杨梅的主要有小黄卷叶蛾、褐带长卷叶蛾、拟小黄卷叶蛾、拟后黄卷叶蛾和圆点小卷蛾5种。

【为害特点】系杂食性害虫，以幼虫在初展嫩叶端部或嫩叶边缘吐丝，缀连叶片呈虫苞，潜居缀叶中食害叶肉。当虫苞叶片严重受害后，

卷叶蛾幼虫为害嫩梢

幼虫因食料不足，再向新梢嫩叶转移，重新卷叶结苞为害。杨梅新梢受害后，枝条抽生伸长困难，生长慢，树势转弱。严重危害时，新梢呈一片红褐焦枯状。

【形态特征】

（1）小黄卷叶蛾。

新梢受小黄卷叶蛾为害后枝条生长困难

成虫：长6～8毫米，翅展约17毫米，体黄褐色，静止时呈钟罩形，前翅基斑褐色，中带上半部狭，下半部向外侧突然增宽，似斜h形。雄成虫较小。

卵：扁平，椭圆形，淡黄色，数十粒排成鱼鳞状卵块。

幼虫：老熟时体长13～18毫米，黄绿色至翠绿色，臀栉6～8根。

蛹：长9～11毫米，黄褐色，腹部第2～7节背面各有两行小刺，后行小而密。

（2）褐带长卷叶蛾。

褐带长卷叶蛾幼虫

成虫：雌成虫体长约9毫米，翅展约26毫米，体暗褐色，前翅长方形，暗褐色，翅基有黑褐色斑纹。雄成虫略小。

卵：椭圆形，淡黄色，呈鱼鳞状排列成块，上覆胶质状薄膜。

幼虫：低龄幼虫头部黑色，高龄幼虫头部黄褐色，前胸硬皮板近半圆形，两侧下方各有2个褐色椭圆形斑。

蛹：黄褐色，尾端有臀棘8根。

（3）拟小黄卷叶蛾。

成虫：雌成虫体黄色，长约8毫米，翅展18毫米，头部有黄褐色鳞片。雄成虫较小，前翅后缘近基角处有宽阔的呈方形的黑纹，两翅相并时呈六角形斑点，后翅淡黄色。

卵：椭圆形，呈鱼鳞状排列，淡黄色，上覆胶质状薄膜。

幼虫：初孵幼虫体长约1.5毫米，老熟幼虫体长约18毫米。幼虫头顶沿中线下凹，单眼在头的两侧，每边6个。除一龄幼虫头部为黑色外，其余各龄幼虫头部均为黄色，胸足淡黄褐色。

拟小黄卷叶蛾幼虫及为害状

蛹：纺锤形，黄褐色。雌蛹长约9毫米，宽2.3毫米；雄蛹长8毫米，宽1.8毫米。第十腹节末端具8根卷丝状臀棘，中间4根较长，两侧2根一长一短，着生在背面者较长，腹面者较短，但粗细相似。

（4）拟后黄卷叶蛾。

成虫：雌成虫体长约8毫米，翅展19毫米，身体和翅黄褐色。静止时，翅外形似裙子，故称“裙子虫”。雄成虫略小。

卵：椭圆形，呈鱼鳞状排列，深黄色，两侧各有1列黑色鳞毛。

幼虫：老熟幼虫长约22毫米。头部赤褐色，胸腹部黄绿色；前胸背板与头部色相近，也为赤褐色，但后缘两侧黑色；前、中足黑褐色，后足淡黄色。

拟后黄卷叶蛾幼虫钻入叶苞内啃食叶片，排泄粪便

蛹：体长约11毫米，体宽2.7毫米，常赤褐色。

（5）圆点小卷蛾。

成虫：体长6.5 ~ 7.0毫米，翅展15 ~ 16毫米，灰褐色至黑褐色，腹面色浅。胸部背面深褐色，后缘有1横列厚密而上翘的毛丛。前翅黑褐色，在翅顶角处自前缘中部至侧缘基部有1块浅灰色隐斑；翅后域有1个明显斜长的N形灰斑，斑周被白色鳞毛所嵌饰。

卵：长卵圆形，长0.7 ~ 0.8毫米，宽0.5 ~ 0.6毫米，较光滑，初为乳白色，快孵化时呈污黑色。

圆点小卷蛾幼虫

幼虫：老熟幼虫体长14 ~ 15毫米，体色多变。低龄和高龄幼虫黄绿色，老熟幼虫深绿色至浅墨绿色，被天敌寄生后的幼虫呈暗黑色。头扁平，半圆形。上颚黑褐色，从唇基至颅顶到两复眼内缘顶角处，呈一明显的V形凹区。胸足3对，各由3节组成，端节生1枚褐色弯爪。

蛹：长8.4 ~ 8.6毫米，宽2.3 ~ 2.5毫米，圆筒形。初呈浅褐色，渐变为褐色，近羽化时黑褐色。

【发生规律】

（1）小黄卷叶蛾。在浙江省1年发生4 ~ 5代，以三至五龄幼虫在卷叶内越冬。翌年春季气温回升至7 ~ 10℃时开始活动为害。除第一代发生较集中外，其余各代常有世代重叠现象。多以幼虫第二代（5月中旬至6月中旬）为害，第三至四代（7月上旬至8月下旬）危害最为严重。

（2）褐带长卷叶蛾。在浙江省1年发生4 ~ 6代，以老熟幼虫在卷叶或杂草中越冬。4 ~ 5月第一代幼虫出现，世代重叠。幼虫遇震动吐丝下垂，老熟幼虫在缀叶中化蛹。

（3）拟小黄卷叶蛾。在浙江省1年发生9代，世代重叠。以幼虫在卷叶内越冬。每年4 ~ 5月出现幼虫。幼虫活泼，三龄后如受惊动常迅速向后弹跳，并吐丝下坠逃脱，老熟后在卷叶内化蛹。成虫日间栖息于叶上，夜间飞翔活动，多在清晨羽化。成虫喜食糖蜜，并具有趋光性。

（4）拟后黄卷叶蛾。在浙江省1年发生6代。以幼虫潜伏在杂草丛中或卷叶内越冬。5月下旬幼虫开始食害嫩梢。

（5）圆点小卷蛾。在贵州省1年发生4代。以幼虫在虫苞内或地表残落叶中越冬。幼虫孵化后，在叶尖处啃食叶面表皮，渐将其从被害处向内卷裹，为害春梢、夏梢、晚夏梢、早秋梢、晚秋梢。

【防治方法】

（1）加强培育管理。及时中耕除草，增施有机肥和钾肥，注重修剪，强化通风透光性，培养中庸强健树体，提高抗逆能力。寻找并人工摘除卵块、幼虫、蛹。冬季清园，剪除虫苞及过密枝，扫除落叶，铲除园边杂草，减少越冬虫口。

（2）诱杀成虫。利用成虫的趋化性，用糖醋液（红糖1份、黄酒1份、食醋4份、水16份混合而成）诱杀成虫。利用成虫的趋光性，用黑光灯诱杀成虫。

（3）生物防治。利用寄生蜂对卵、幼虫、蛹的寄生来进行防治。利用螳螂、食蚜虻、绿边步行虫的幼虫和成虫及有益瓢虫、草蛉、食虫蝽等捕食卷叶蛾的幼虫。利用蜘蛛捕食卷叶蛾的成虫。

（4）药剂防治。幼虫始害时可选用5%甲氨基阿维菌素苯甲酸盐乳油4 000 ～ 6 000倍液喷雾防治。

蓑蛾类 食叶害虫

属鳞翅目蓑蛾科。又称袋蛾，幼虫俗称避债虫、蓑衣虫、袋衣虫、袋皮虫、口袋虫、袋袋虫、背袋虫、背包虫、皮虫和茧虫。为害杨梅树常见的有大蓑蛾、桉蓑蛾、白囊蓑蛾和茶蓑蛾等4种。

【为害特点】系杂食性害虫，主要以幼虫取食杨梅新梢叶片和嫩枝皮，树上幼虫常集中食害嫩叶，并使小枝枯死，甚至全树死去，严重影响杨梅的开花结果及树体的生长。

【形态特征】

（1）大蓑蛾。

成虫：雌雄成虫异形。雌成虫体长22 ～ 30毫米，无翅，足退化，乳白色或淡黄色，胸部及腹末有许多淡黄色绒毛，藏于袋囊中。雄成虫体长15 ～ 20毫米，翅展35 ～ 44毫米，前翅近外缘有4 ～ 5块透明斑。体黑褐色，具灰褐色长毛。

大蓑蛾茧

卵：椭圆形，淡黄色，长约1毫米。

幼虫：成长时雌雄异态明显。雌幼虫肥大，体长32 ~ 37毫米，头赤褐色，腹部黑褐色，各节有横皱；胸部背面灰黄褐色，骨化强，有光泽，具2条棕色斑纹。雄幼虫头呈黄褐色，中央有一白色的“人”字形纹；胸部灰黄褐色，腹部黄褐色。

蛹：雌蛹体长28 ~ 30毫米，赤褐色，似蝇蛹状。雄蛹体长18 ~ 23毫米，暗褐色。护囊长约60毫米，灰黄褐色，护囊外常包有1 ~ 2片枯叶，护囊丝质较疏松。

（2）桉蓑蛾。

成虫：雌雄成虫异形。雌成虫体长6 ~ 8毫米，头小，黑褐色，无翅，足退化，似蝇状。雄成虫体长约4毫米，翅展约12毫米，身体、前翅为黑色，后翅底面为银灰色，具光泽。

桉蓑蛾正在为害叶面叶肉

卵：椭圆形，米色，长约0.6毫米。

幼虫：体长5 ~ 9毫米，头为淡黄色，胸部乳白色，腹部各节背板具4块褐色斑，有时褐斑相连成纵纹。

蛹：雌蛹体长5 ~ 7毫米，黄白色。雄蛹体长4 ~ 6毫米，茶褐色。护囊长7 ~ 12毫米，护囊表面附有细碎叶片或枝皮，护囊口系有长丝1条。

（3）白囊蓑蛾。

成虫：雌雄成虫异形。雌成虫体长9 ~ 14毫米，淡黄白色，无翅。雄成虫体长8 ~ 11毫米，翅展18 ~ 20毫米，烟灰色或淡褐色，末端黑色，体上密布白色长毛。前、后翅透明，体灰褐色，具白色鳞毛。

白囊蓑蛾护囊

卵：椭圆形，黄白色，长约0.4毫米。

幼虫：体长25 ~ 30毫米，头褐色，有黑点纹，中、后胸骨化部分成2块，各块都有深色点纹，腹部毛片色深。

蛹：雌蛹体长15 ~ 18毫米，淡褐色。雄蛹体长10 ~ 12毫米，赤色或浅褐色，有翅芽。护囊长30 ~ 40毫米，细长纺锤形，灰白色，护囊不附任何残叶与枝梗，完全用丝缀成，丝质较致密，常挂于叶背面。

(4) 茶蓑蛾。

成虫：雌雄成虫异形。雌成虫头小，黄褐色，腹部黄白色。雄成虫胸背密布鳞毛，前翅近翅尖处和外缘近中央处各有一透明长方形斑。

茶蓑蛾护囊

卵：椭圆形，乳黄白色。

幼虫：头部有褐色斑纹。

蛹：雌蛹胸部弯曲，雄蛹胸部弯曲成钩状。护囊外缀有排列整齐的小枝梗。

【发生规律】

(1) 大蓑蛾。在浙江省1年发生1代，以老熟幼虫封囊越冬，翌年3月下旬至4月上中旬开始化蛹，5月中下旬成虫羽化。羽化后雌虫仍在囊内，雄虫从护囊末端飞出，与囊内雌虫交配产卵。5月下旬幼虫孵化爬出护囊分散活动，并咬碎叶片连缀在一起筑新护囊，以7 ~ 9月危害最严重，至11月越冬。

(2) 桉蓑蛾。在浙江省1年发生2代，以三至四龄幼虫越冬。第一代于3月（气温达8℃时）开始活动，5月中下旬开始化蛹，6月中旬幼虫孵化。此代虫口数少，危害较轻。二代于8月中旬出现，虫口数多，危害猖獗。幼虫半身依附于叶面，半身在护囊内，食害叶皮、叶肉成红色，致叶早脱落。

(3) 白囊蓑蛾。在浙江省1年发生1代，以低龄幼虫越冬。6月中旬至7月上旬化蛹，7月中下旬出现幼虫，多在清晨、傍晚或阴天取食，小幼虫仅食叶肉，高龄幼虫吞食叶片，剩留叶脉。10月上中旬停食越冬。该虫7月中旬至8月中旬发生最多，严重时同一叶上5 ~ 6只，食害下层叶肉成红色，致叶早脱落。

（4）茶蓑蛾。在浙江省1年发生1 ～ 2代，以幼虫越冬。3月开始取食，6 ～ 8月发生第一代幼虫。卵产于袋内，孵化出的幼虫从护囊排泄孔钻出，爬到枝叶上或吐丝下垂，被风吹散迁移。头胸露于囊外，护囊挂于腹部取食。

【防治方法】

（1）人工摘除虫囊。幼虫为害初期易发现虫囊，可人工集中摘除；冬季结合修剪，剪除虫囊并集中处理。

（2）灯光诱杀。利用雄成虫的趋光性，杨梅园可挂诱虫灯诱杀。

（3）生物防治。用每克含100亿孢子的青虫菌500 ～ 1 000倍液喷雾。保护在株间结大网的圆蛛、肖蛛，在株间结小网的球腹蛛，网捕雄成虫。

枯叶蛾类　食叶害虫

属鳞翅目枯叶蛾科。为害杨梅的枯叶蛾科害虫主要有栗黄枯叶蛾、油茶枯叶蛾、马尾松毛虫3种。

【为害特点】系杂食性害虫，除为害杨梅、油茶外，还为害板栗、麻栎、枫树、冬青、松树等树木。以幼虫取食杨梅叶片，为害时间长，被害枝多枯萎，甚至全树死亡。被害时树体生长势削弱，严重影响当年和翌年产量。

【形态特征】

（1）栗黄枯叶蛾。

成虫：雌雄成虫异形。雄蛾翅展约40毫米；雌蛾体长约20毫米，翅展约60毫米。前翅近三角形，内横线、外横线、亚外缘波状纹和中室斑纹均为黄褐色，后翅中部有两条明显的黄褐色横线纹。雄蛾呈绿色或黄绿色，雌蛾呈橙黄色或黄绿色。雌蛾前翅中室斑较大，由中室至内缘为一大型黄褐色斑纹；腹部末端密生黄褐色肛毛。

卵：铅灰色，顶部有一褐色斑。

幼虫：老熟幼虫体长约50毫米，头壳紫红色，具黄色纹；胴部第一节

栗黄枯叶蛾幼虫正在取食叶片

两侧各具1束黑色长毛，体被浓密毒毛，背纵带颜色黄白相间，腹部第一节间至第二节间和第七节间至第八节间的背部各具1束白色长毛，体侧各节间具蓝色斑点，腹足红色。

蛹：被蛹，背面红褐色，腹面橙黄色，胸背部后端具两丛黑色毛束。茧马鞍形，黄褐色。

（2）油茶枯叶蛾。

成虫：雌成虫翅展75 ~ 95毫米，雄成虫翅展50 ~ 80毫米，黄褐色至茶褐色，雄成虫体色较深。前翅有2条淡褐色斜形横带，中室末端有一银白色斑点，后角处有2枚黑褐色斑纹，后翅中部有1条淡褐色横带。

卵：灰褐色，球形，两端各有黑色圆点1个，圆点外有一灰白圈。

幼虫：共分7龄。二龄幼虫全身蓝黑色，胸背有黑、黄两种丛毛。四龄幼虫腹背第一至第八节，每节增生浅黄与暗黑相间的2束丛毛。五龄幼虫全身麻色，胸背黄黑色丛毛全变绿色，老熟幼虫体长113 ~ 134毫米。

油茶枯叶蛾五龄幼虫

蛹：椭圆形，棕褐色，茧黄褐色，上覆毒毛。

（3）马尾松毛虫。

成虫：雌成虫体长11毫米，体灰黄色，足3对，两翅有褐色斑块和黑点。雄成虫体长9毫米，足退化。

卵：近圆形，长1.5毫米，粉红色，在针叶上呈串状排列。

幼虫：体黄褐色，有微细白毛，第三和第四节背上各有一黑色隆起，体两侧各有1条黄色横纹。幼虫三龄后，体长

马尾松毛虫幼虫群集在叶背为害

20毫米，第五节至第九节背上各生黑瘤1对，第十节上生一黑瘤，体色变为赤褐色。

蛹：蛹茧丝状，黄白色。

【发生规律】

（1）栗黄枯叶蛾。在浙江省1年发生2代，以卵在枝叶上越冬。第一代幼虫在4月中旬孵化，4月下旬至5月下旬为幼虫为害期，6月中旬结茧化蛹，7月上旬成虫羽化，7月中旬产卵。第二代幼虫7月下旬出现，9月下旬结茧化蛹，10月中下旬成虫羽化，11月上旬产卵越冬。卵块排成长条形，其上覆有灰白色或黄白色长毛，形似毛虫。

（2）油茶枯叶蛾。在浙江省1年发生1代，以卵在小枝梗上越冬。翌年3月底至4月上旬开始孵化，出现幼虫，8月下旬老熟幼虫开始吐丝结茧，虫期123～160天。9月中下旬至10月上旬羽化并产卵。初孵幼虫群集取食，并吐丝结成袋状天幕，群居其中。三龄后逐渐分散，四龄后白天静伏树干下部或阴暗的地方，在清晨或黄昏爬出取食为害。老熟幼虫多在受害枝干或附近小灌木丛中结茧化蛹。成虫有较强的趋光性。

（3）马尾松毛虫。在浙江省1年发生1代或2代。以卵越冬。4月上旬开始孵化。幼虫期40天左右。至5月上中旬结茧化蛹，茧黄白色，缀于叶上。蛹期约10天，之后羽化成虫。

【防治方法】

（1）冬季清园。冬季剪除带虫卵的小枝条，集中处理；清除杨梅园周围的板栗、麻栎、枫树、冬青等树木。

（2）人工捕杀幼虫、卵块和虫茧。

（3）利用成虫趋光性，在成虫羽化期点灯诱杀成虫。

（4）保护和利用肖蛛、圆蛛和球腹蜘蛛结网，网捕成虫。保护和利用螳螂、狩猎蜘蛛捕食幼虫。甲腹茧蜂、金毛虫绒茧蜂、姬蜂等多种寄生蜂会寄生枯叶蛾的幼虫，应加以保护和利用。

（5）将捕捉的卵、幼虫、蛹捣糊，冲水20倍，喷于树冠，以利用有益细菌、真菌或病毒控制害虫。

刺蛾类　食叶害虫

属鳞翅目刺蛾科。为害杨梅的主要刺蛾有褐边绿刺蛾和褐刺蛾2种。

【为害特点】系杂食性害虫，以低龄幼虫群集叶背取食下表皮和叶肉，残留上表皮和叶脉成箩底状半透明斑，数日后干枯，常脱落；三龄后陆续分散食叶成缺刻或孔洞，严重时常将叶片吃光。

【形态特征】

（1）褐边绿刺蛾。

成虫：体长15 ~ 16毫米，翅展约36毫米。头和胸部绿色，复眼黑色。触角褐色，雌虫触角丝状，雄虫触角基部2/3为短羽毛状。胸部中央有1条暗褐色背线。前翅大部分绿色，基部暗褐色，外缘部灰黄色，其上散布暗紫色鳞片，外缘线暗褐色。腹部和后翅灰黄色。

卵：椭圆形，长1.5毫米，初产时乳白色，渐变为黄绿色至淡黄色，数粒排列成块状。

幼虫：末龄幼虫体长约25毫米，略呈长方形，圆柱状。初孵幼虫黄色，长大后变为绿色。头黄色，甚小，常缩在前胸内。前胸盾上有二横列黑斑，腹部背线蓝色。胴部第二至末节每节有4个毛瘤，其上生一丛刚毛，腹部末端的4个毛瘤上生蓝黑色刚毛丛，背线绿色，两侧有深蓝色点。腹面浅绿色。胸足小，无腹足，第一至第七节腹面中部各有1个扁圆形吸盘。

褐边绿刺蛾群集在叶背为害叶肉后呈网状

蛹：长约15毫米，椭圆形，肥大，黄褐色。茧椭圆形，棕色或暗褐色，长约16毫米，似羊粪状。

（2）褐刺蛾。

成虫：体长12 ~ 18毫米，翅展约45毫米。雄成虫触角第一节有白色鳞毛堆，雌成虫触角基部至中部的内侧面为灰白色，端处为棕色。前翅灰褐色，有一暗褐色斜纹。前翅从前缘向臀角和

褐刺蛾幼虫正在取食叶片

基角伸展，各有1条深褐色弧线，两线间的翅色较淡；后翅褐色。

卵：长约2毫米，扁椭圆形，黄色。

幼虫：老熟幼虫体长约33毫米，黄色，背面和侧面天蓝色，背上有2条淡红色纵纹或红色纵纹不明显，瘤状枝刺红色或黄色。

蛹：体长约16毫米，卵圆形，黄褐色。茧灰褐色，椭圆形，表面有褐色斑点。

【发生规律】在长江下游地区1年发生1～2代，以老熟幼虫在树杈、枝干或树干基部周围的土中结茧越冬。越冬幼虫于5月上中旬化蛹，6月上中旬羽化产卵，卵期约7天。第一代幼虫发生期在6月中旬至7月，7月下旬幼虫老熟结茧化蛹，成虫发生期在8月中下旬；第二代幼虫发生在8月下旬至10月中旬，10月上旬幼虫陆续老熟结茧越冬。

【防治方法】

（1）人工捕杀幼虫。于低龄幼虫群集为害期摘除虫叶；冬季结合修剪，剪去虫茧。

（2）利用黑光灯诱杀成虫。

（3）生物防治。保护和利用紫姬蜂、寄生蝇与黑小蜂。用每克含100亿孢子的白僵菌粉0.5～1千克，在雨湿条件下防治一至二龄幼虫。

（4）喷药防治。关键时期为幼虫三龄期前，及时防治。

杨梅小细蛾 食叶害虫

属鳞翅目细蛾科。主要为害杨梅，也为害马尾松、香椿、枫树、蕨类等植物。

【为害特点】以幼虫潜伏在叶背取食叶肉，仅剩下表皮，外观呈泡囊状。泡囊初期近圆形，随幼虫长大最后呈椭圆形，似大豆般大小。透过泡囊上表皮可见小堆褐色或黑色粪粒，叶背受害处呈深褐色网眼状。每个泡囊仅1条幼虫。严重时每叶上可见十多个泡

杨梅小细蛾幼虫取食叶肉后仅剩叶面表皮，外观呈泡囊状

囊，全叶皱缩弯曲，提早落叶，影响树势和产量。

【形态特征】

成虫：体长约3.2毫米，翅展约7.5毫米。复眼黑色。触角长约3.4毫米，黑白相间。头部银白色，顶端有两丛金黄色鳞毛。体银灰色，前翅狭长，翅中后部前后缘各有3条黑白相间的条纹，其余为褐黄色，缘毛较长；后翅尖细，灰黑色，缘毛特别长。足银白色与黑色相间。

卵：扁圆形，长约0.4毫米，乳白色，半透明，有光泽，上有褐色分泌物覆盖。

幼虫：体长约4毫米。初龄黄绿色，略扁平，头三角形，前胸宽，黑色有光泽，口器深褐色，胸足3对。以后呈淡黄色，前部宽，后部窄。第六腹节上无腹足。

蛹：长4毫米，黄褐色，头部两侧各有1个黑色复眼，触角比蛹体略长。

【发生规律】在浙江省1年发生2代，世代重叠，以老熟幼虫或幼虫在叶上泡状斑内越冬。3月中旬越冬幼虫在泡状斑内继续取食叶肉，叶背形成网状斑点。3月下旬，老熟幼虫开始在泡状斑内吐丝形成薄茧化蛹，4月下旬为越冬代化蛹盛期，5月上中旬为羽化高峰，成虫寿命2～3天。4月底始见第一代卵，卵期5～7天。5月下旬至6月上旬为第一代幼虫孵化盛期。8月上旬老熟幼虫开始化蛹，8月下旬至9月上旬为化蛹盛期。8月底第一代成虫羽化产卵，9月初第二代幼虫开始孵化，9月中下旬为孵化盛期，幼虫在叶片内越冬或继续为害至老熟越冬。

【防治方法】

（1）清园。冬季清除落叶，集中处理，消灭越冬虫源；危害严重的枝叶，春季结合修剪，剪除集中处理。

（2）灯光诱杀。利用成虫趋光性，于成虫羽化期，在杨梅园挂黑光灯，诱杀成虫。

（3）生物防治。保护和利用寄生蜂等天敌。

乌桕黄毒蛾 食叶害虫

属鳞翅目毒蛾科。又名枇杷毒蛾、角点毒蛾，幼虫俗称黑毛虫、毒毛虫。主要为害枇杷、乌桕，兼害杨梅等。

【为害特点】系杂食性害虫，以一至三龄幼虫群集在新梢顶端为害，啃食幼芽、嫩枝和叶片，三龄后分散食害叶片。严重时新梢一片枯焦，如同经历火烧一般。

【形态特征】

乌桕黄毒蛾成虫

成虫：雄成虫体长9～11毫米，翅展26～38毫米。雌成虫体长13～15毫米，翅展36～42毫米。体表密生橙色绒毛，有褐色斑纹。前翅顶角有1个黄色三角区，内有2个明显的黑色圆斑。前翅前缘、臀角三角区及后翅外缘均为黄色。

卵：椭圆形，长0.8～1.0毫米，淡绿色或黄绿色。卵块呈半球形，外覆深黄色绒毛。

幼虫：体长25～30毫米，头黑褐色，亚背线白色，黄褐色，体侧及背上有黑疣突，上有白色毒毛，翻缩腺橘红色。

蛹：长10～15毫米，纺锤形，棕褐色，臀刺有钩刺1丛。茧长15～20毫米，薄，灰黄色，覆有白色毒毛。

【发生规律】在浙江省1年发生2代，以三龄幼虫在杨梅叶背、树干裂缝和枝杈处越冬。5月化蛹。卵期15天，第一代幼虫在6～7月发生，第二代幼虫在9～10月发生。卵产于叶背，分3～5层排列，叠成卵块，上覆毒毛。幼虫白天孵化，以上午8～9时最盛。初孵幼虫先取食卵壳，后取食杨梅叶片。一至三龄食害叶背叶肉，留下叶脉与表皮，使叶片成网状半透明，并变色脱落。四龄后常吐丝缀叶成团隐蔽其中取食，先取食正面叶肉，再取食全叶。幼虫共10龄。夏天，幼虫有上午下树避阳、傍晚又上树取食为害的习性。幼虫老熟后在树干基部周围的表土或枯枝落叶下、杂草丛中、树皮裂缝等处结茧化蛹。蛹期10～15天。成虫白天不活动，静伏于树叶或草丛中，晚上出来交配及产卵。成虫有趋光性，寿命为2～7天。

【防治方法】

（1）人工捕虫。采收前（6月上中旬）割去树盘杂草、杂木，捕杀根部附近杂草丛中已化蛹的虫茧。幼虫群集，可采用人工采摘叶片的方法消灭幼虫。初龄幼虫群体为害时，带叶剪下，集中处理或深埋。

（2）灯光诱杀。成虫羽化期（6月上旬或9月上旬），利用灯光诱杀成虫，减少下一代虫口。

（3）幼虫期在树干基部涂药，毒杀下树避阳幼虫。

（4）生物防治。卵期及蛹期不使用农药，保护寄生蜂、寄生蝇、螳螂、鸟类或狩猎蜘蛛等天敌以捕食幼虫。

（5）以菌治虫。幼虫期向虫体喷布苏云金杆菌或白僵菌（每毫升含1亿个孢子）。

绿尾大蚕蛾 食叶害虫

属鳞翅目大蚕蛾科。又称水青蛾、长尾月蛾、绿翅天蚕蛾。可为害杨梅、苹果、梨、樱桃、葡萄、枣、银杏等果树。在我国分布广泛。

【为害特点】系杂食性害虫，以幼虫食害叶片，低龄幼虫食害叶片成缺刻或孔洞，稍大便把全叶吃光，仅残留叶柄或粗脉。

【形态特征】

成虫：体长32 ~ 38毫米，翅展100 ~ 130毫米。体粗大，体被白色絮状鳞毛而呈白色。头部两触角间具紫色横带1条，触角黄褐色羽状；复眼大，球形，黑色。胸背肩板基部前缘具暗紫色横带1条。翅淡青绿色，基部具白色絮状鳞毛，翅脉灰黄色较明显，缘毛浅黄色；前翅前缘具白、紫、棕黑三色组成的纵带1条，与胸部紫色横带相接。前、后翅中部中室端各具椭圆形眼状斑1个，斑中部有1条透明横带，从斑内侧向透明带依次由黑、白、红、黄四色构成，黄褐色外缘线不明显。腹面色浅，近褐色。足紫红色。

卵：扁圆形，直径约2毫米，初绿色，近孵化时褐色。

幼虫：体长80 ~ 100毫米，体黄绿色、粗壮，被污白细毛。体节近六角形，着生肉突状毛瘤，前胸5个，中、后胸各8个，

绿尾大蚕蛾幼虫

腹部每节6个，毛瘤上具白色刚毛和褐色短刺；中、后胸及第八腹节背上毛瘤大，顶黄基黑，其他处毛瘤端为蓝色，基部为棕黑色。第一至第八腹节气门线上边为赤褐色，下边为黄色。体腹面黑色，臀板中央及臀足后缘具紫褐色斑。胸足为褐色，腹足为棕褐色，上部具黑横带。

蛹：体长40～45毫米，椭圆形，紫黑色，额区具一浅斑。茧长45～50毫米，椭圆形，丝质粗糙，灰褐色至黄褐色。

【发生规律】在浙江省1年发生2代，以茧中蛹在近土面的树枝或灌木枝干上越冬。翌年5月中旬羽化、交尾、产卵。卵期10余天。第一代幼虫于5月下旬至6月上旬发生，7月中旬化蛹，蛹期10～15天。7月下旬至8月为第一代成虫发生期。第二代幼虫8月中旬始发，为害至9月中下旬，陆续结茧化蛹越冬。成虫昼伏夜出，有趋光性，日落后开始活动，晚上9～11时最活跃，飞翔力强。喜在叶背或枝干上产卵，有时雌蛾跌落树下，把卵产在土块或草上，常数粒或偶见数十粒产在一起，成堆或排开，每头雌虫可产卵200～300粒。成虫寿命7～12天。初孵幼虫群集取食，二、三龄后分散，取食时先把1张叶片吃完再为害邻叶，残留叶柄，幼虫行动迟缓，食量大，每头幼虫可食100多张叶片。幼虫老熟后于枝上贴叶吐丝结茧化蛹。第二代幼虫老熟后下树，依附在树干或其他植物上吐丝结茧、化蛹越冬。

【防治方法】

（1）人工防治。5月下旬至8月中旬经常巡视果园，人工捕捉幼虫。

（2）除草摘虫。秋后至发芽前清除落叶、杂草，并摘除树上虫茧，集中处理。

（3）灯光诱杀。在成虫羽化盛期，可利用其趋光性强的习性，用黑光灯诱杀成虫。

黑星麦蛾

食叶害虫，吐丝缀叶为害

属鳞翅目麦蛾科。又称黑星卷叶麦蛾。除为害桃、李、杏、苹果、梨等果树外，在江西发现为害杨梅晚秋梢的嫩叶、嫩梢，被害率达93%。

【为害特点】系杂食性害虫，以幼虫在嫩叶、嫩梢上吐丝缀叶做巢，群集为害，管理粗放的幼树受害最重。有的全树嫩叶、嫩梢被吃光，只剩下叶脉和表皮，一片枯黄，影响杨梅树的生长发育。

【形态特征】

成虫：体长5 ~ 6毫米，翅展16毫米，身体及后翅灰褐色，胸背面及前翅黑褐色，有光泽。前翅近长方形，靠近前缘1/3处有一淡褐色的斑纹，翅中央有2个不明显的黑点。

卵：椭圆形，淡黄色，发亮，长约0.5毫米。

幼虫：体长10 ~ 11毫米，细长形，头及前胸背板黑褐色，臀板及臀褐色。全身有6条淡紫褐色纵条纹，条纹之间为白色。

蛹：体长约6毫米，红褐色，第七腹节后缘有蜡黄色并列的刺突。第六腹节腹面中部有2个突起，茧灰白色，长椭圆形。

黑星麦蛾幼虫缀叶为害状

【发生规律】该虫初次为害杨梅晚秋梢，但春、夏梢无为害。其发生时间、代数有待观察。

【防治方法】

（1）重视采果后及幼龄树的管理，抑制晚秋梢的抽发，既可减少营养消耗，促进花芽分化，提高花芽质量，又可免遭冻害和虫害。

（2）梨、桃、柑橘、杨梅等混栽果园，易发生黑星麦蛾转移为害，不宜混栽。

油桐尺蠖 食叶害虫

属鳞翅目尺蛾科。又名大尺蠖，俗称寸寸虫、拱背虫、造桥虫、量尺虫等。主要为害油桐，兼害杨梅、枇杷、柑橘、茶叶、油茶等。

【为害特点】系杂食性害虫，以幼虫咬食叶片为主，严重时发出“沙沙”声响，并把大片杨梅林叶子吃光，剩下叶脉和光枝，似经历火烧一般。

【形态特征】

成虫：雌成虫体长22 ~ 25毫米，翅展52 ~ 64毫米，雄成虫略小。体灰白色，头部后缘及胸腹部各节末端有灰黄色鳞毛。雌成虫触角呈丝状，雄成虫触角呈羽状。前翅白色，杂以灰黑色小点，并有3条黄褐色波状纹，其中以近外缘一条最明显。后翅与前翅花纹相似。腹部与足为黄白色，腹部末端有一丛黄褐色短毛。

卵：卵块呈圆形或椭圆形，卵粒重叠成堆，其上被覆黄褐色绒毛。单卵椭圆形，长0.7～0.8毫米，蓝绿色，将孵化时呈黑色。

油桐尺蠖幼虫咬食叶片

幼虫：一至二龄时呈灰褐色，在杨梅叶片尖端为害。三至四龄渐转青色，在树冠内部为害。四龄后体色随环境而异（深褐色，或灰褐色，或青灰色），成为保护色，此时幼虫食量大增。五至六龄老熟幼虫，体长60～70毫米，粗6～7毫米，头部密布棕色小斑点，中央向下凹陷，两侧呈角状突出。前胸背面有小突起2个，胸足3对，气门紫红色。腹部第六节与第十节各有足1对。

蛹：体长22～26毫米，黑褐色，有光泽。头顶有角状小突起2个，腹部末端长刺状，并有细小分叉。

【发生规律】 在浙江省1年发生2～3代，以蛹在根际表土中越冬。第一代幼虫发生期为5月中旬至6月下旬，蛹见于6月中旬至7月中旬，成虫出现于7月。第二代幼虫发生期为7月中旬至8月下旬，蛹见于8月中旬至9月上旬，成虫出现于9月上中旬。第三代幼虫发生期为9月下旬至11月中旬，蛹见于11月上旬，成虫出现于翌年4月中旬至5月上旬。一至二龄幼虫喜欢在树冠顶部叶尖直立，咬食叶片边缘、叶尖表皮，为害部位呈不规则的黄褐色网膜斑，晚上吐丝下垂悬挂在树冠外围，随风飘荡扩散及转株为害。三龄后，幼虫往往在枝杈处搭成桥状，蚕食整个叶片，杨梅园成片光枝，严重影响产量。其幼虫以阴天、夜晚食害最甚。

【防治方法】

（1）修剪树冠。对被害枝进行短截处理，同时根外追肥，促使新梢抽生，尽快恢复树冠。

（2）冬季翻耕，冻死土中越冬蛹。

（3）清除卵块。每代成虫产卵后，采集卵块，集中处理或埋入土中。

（4）诱杀虫蛹。幼虫老熟期，利用其在表土化蛹的习性，在树冠下铺摊塑料膜，上盖10厘米厚的潮湿泥土，引诱幼虫入土化蛹，然后集中消灭。此外，把高处的幼虫用小竹竿打下后，人工掐死幼虫，并集中处理。

（5）生物防治。保护和利用螳螂捕食油桐尺蠖幼虫。保护和饲放黄茧蜂以控制油桐尺蠖发生。

（6）喷药防治。幼虫为害期，可选用0.5%除虫菊素水乳剂200 ~ 300倍液，或16 000单位/毫克苏云金杆菌可湿性粉剂1 000 ~ 1 500倍液，喷雾防治。

介壳虫　食叶害虫，吸取汁液

属同翅目蚧总科。浙江地区为害杨梅的介壳虫有 16种，分属于硕蚧科、盾蚧科、蜡蚧科和粉蚧科。其中柏牡蛎蚧、康氏粉蚧和草履蚧发生较普遍。

【为害特点】以雌成虫和若虫群集附着在杨梅枝条及叶片主脉周围、叶柄上吸取汁液，其中1 ~ 2年生小枝条虫口密度最高。嫩枝被害后，表皮皱缩，秋后干枯而死；叶片被害后，呈棕褐色，叶柄变脆，早期落叶；树枝被害后，生长不良，树势衰弱，4月下旬至5月上旬出现大量落叶、枯枝，为害严重时杨梅全株枯死，犹如经过火烧一般。

【形态特征】

（1）柏牡蛎蚧。

成虫：雌成虫介壳长形或弯曲为逗点形，前端较尖，后端宽圆，呈棕褐色。交尾后，虫体迅速膨大，到产卵期虫体缩小。一头雌成虫在介壳下最多有卵97粒，最少 18粒，平均64.2粒。雄成虫呈长筒形，介壳棕褐色，寿命仅几天。

卵：初产卵呈乳白色半透明状，椭圆形，藏在雌成虫介壳内，当若虫孵化后，卵壳大部分留存在雌成虫介壳后端空间处。

若虫：初孵若虫呈半透明状，椭圆形，个体小，后变乳白色。行动迅速，先在雌成虫介壳下出来活动，当气候变化时，则又能回到母体下。若虫活动半天后即固定下来，吸取树体汁液，还能分泌出蜡质，由白色丝状物包裹着。

柏牡蛎蚧群集在杨梅叶背为害

(2) 康氏粉蚧。

成虫：雌成虫呈扁椭圆形，体长3 ~ 5毫米。身体为粉红色，表面覆有白色蜡粉，体缘有17对白色蜡丝，最末1对特长，接近体长。雄成虫体长约1毫米，体紫褐色，翅透明。

卵：椭圆形，长约0.3毫米，浅橙黄色。数十粒集成1块，外覆白色蜡粉，形成白絮状卵囊。

若虫：体扁椭圆形，长约0.4毫米，浅黄色，外形似雌成虫，体表有蜡粉。

蛹：仅雄虫有蛹，长约1.2毫米，浅紫色，触角、翅和足均外露。

康氏粉蚧（卵）

康氏粉蚧群集枝条上为害

（3）草履蚧。

成虫：雌成虫体长7.8～10毫米，宽4～5.5毫米，椭圆形，形似草鞋，背略突起，腹面平，体背暗褐色，边缘橘黄色，背中线淡褐色，触角和足亮黑色；体分节明显，胸背可见3节，腹背8节，多横皱褶和纵沟，体被细长的白色蜡粉。雄成虫体紫红色，长5～6毫米，翅1对，翅展约10毫米，淡黑至紫蓝色，前缘脉红色；触角10节，除基部2节外，其他各节生有长毛，毛呈三轮形，头部和前胸红紫色，足黑色，尾广瘤长，2对。

草履蚧成虫（背面）

卵：椭圆形，长约1毫米，初为淡黄色，后为黄褐色，外被粉白色卵囊。

若虫：体灰褐色，外形似雌成虫，初孵时长约2毫米。

蛹：仅雄虫有蛹，体圆筒形，长约5毫米，褐色，外有白色棉絮状物。

草履蚧若虫

草履蚧成虫（腹面）

【发生规律】

（1）柏牡蛎蚧。在浙江省1年发生2代，以受精雌成虫在枝条或叶片上越冬。翌年4月中旬雌成虫产卵，4月下旬至5月上旬为产卵盛期，5月中旬若虫孵化，5月下旬至6月上旬为孵化高峰和若虫盛发期，主要为害杨梅春梢。6月上旬始见成虫，7月上旬达到高峰，7月中下旬成虫产卵，并开始孵化。8月上中旬为第二代若虫盛发期，主要为害杨梅夏梢。

(2) *康氏粉蚧*。一般1年发生3代。以卵及少数若虫、成虫在被害树树干、枝条、粗皮裂缝、剪锯口或土块、石缝中越冬。翌春果树发芽时，越冬卵孵化成若虫，食害寄主植物的幼嫩部分。第一代若虫发生盛期在5月中下旬，第二代若虫发生在7月中下旬，第三代若虫发生在8月下旬。9月产生越冬卵，早期产的卵也有的孵化成若虫、成虫越冬。雌、雄成虫交尾后，雌虫爬到枝干、粗皮裂缝处产卵。产卵时，雌成虫分泌大量棉絮状蜡质卵囊，卵产于囊内，一只雌成虫可产卵200 ~ 400粒。

(3) *草履蚧*。1年发生1代，以卵和初孵若虫在树干基部土壤中越冬。越冬卵于翌年1月下旬至3月上旬孵化，若虫出土后爬上寄主主干，沿主干爬至嫩枝、幼芽等处取食。低龄若虫行动不活泼，喜在树洞或树杈等处隐蔽群居；3月底至4月初若虫第一次蜕皮，开始分泌蜡质物；4月下旬至5月上旬雌若虫第三次蜕皮后变为雌成虫，并与羽化的雄成虫交尾；至6月中下旬开始下树，钻入树干周围石块下、土缝等处，分泌白色棉絮状卵囊，产卵其中，分5 ~ 8层共100 ~ 180粒。

【防治方法】

(1) *农业防治*。合理安排栽植密度，科学进行整形修剪和肥水管理，培养健壮树势，保持果园通风透光。

(2) *保护和利用天敌*。保护利用异色瓢虫、黑缘红瓢虫、中华草蛉、蚜小蜂类和跳小蜂类等天敌，实施以虫治虫的策略，控制柏牡蛎蚧等介壳虫为害。

(3) *药剂防治*。防治的关键时期是5月上中旬果实膨大前期、采收后的8月上中旬和花芽萌发期前的2月至3月上旬。冬季可用20%松脂酸钠可溶粉剂200 ~ 300倍液清园，第二代低龄若虫期可用95%矿物油乳油50 ~ 60倍液或65%噻嗪酮可湿性粉剂2 500 ~ 3 000倍液喷雾防治。

粉虱类　*食叶害虫，吸取汁液*

属同翅目粉虱科。可为害桑、茶、杨梅、李、梅、柿、柑橘等。为害杨梅的粉虱类害虫主要有杨梅粉虱、油茶黑胶粉虱、柑橘粉虱和黑刺粉虱4种。

【为害特点】系杂食性害虫，以若虫群集在叶片背面吸取汁液，严重时每叶片上群集近百头，常分泌大量蜜露等排泄物，从而诱发煤烟病，影响光合作用，导致枝枯叶落，树势衰退，产量下降。

【形态特征】

（1）杨梅粉虱。

成虫：雌成虫体长约1.2毫米，黄色。体与翅均覆有许多白粉。头部球形。复眼黑褐色，肾形。触角7节，第一节小，第三节最大。前后翅乳白色，有黄色翅脉1条。腹部5节，淡黄色。雄成虫体长约0.8毫米，翅较透明，尾端有钳状附器。

卵：圆锥形，初产时淡黄色，后变黄褐色，有金属光泽。

杨梅粉虱雌成虫群集在叶片上

若虫：体长约0.25毫米，体扁平，椭圆形，背面淡黄色，由半透明的蜡质物覆盖，末端背面有乳房状突起，两侧并列36根刚毛。喙长，足短小。管状孔呈倒等腰三角形，长大于宽，盖瓣呈倒半圆形，两侧弧线较平直，宽大于长，长度不及管状孔的1/2。舌状器棒形，末端具2根长直刺。其端部2/5膨大呈矛状，矛状部露在盖瓣外。腹沟自管状孔下端通达腹末。

伪蛹：扁平，椭圆形，乳白色，半透明，复眼鲜红色。

（2）油茶黑胶粉虱。

成虫：雌成虫体长约2毫米，头、胸部暗褐色，有光泽，前翅暗灰色，沿翅缘有6块淡黄色斑；后翅浅灰色，也有淡色斑，腹部橙黄色。雌成虫腹末开口呈圆形，雄成虫略小于雌成虫，交配辅器呈钳状，突出于腹部末端，交配器楔形。

卵：橙黄色，鱼膘形，钝端有短柄附于叶背。

若虫：共3龄。初孵若虫体长约0.2毫米，粉红色至淡黄色，逐渐变成红棕色，尾端有2对毛，两侧毛较短，二龄后失去胸足与触角，扁椭圆形，介壳状，黑色，臀部有一簇白色蜡毛。

伪蛹：体长约1毫米。裸蛹，初蛹淡黄色，半透明，渐变橙黄色，复眼黑色，翅芽灰色。

（3）柑橘粉虱。

成虫：雌成虫体长约1.2毫米，黄色。翅2对，半透明。虫体和翅上均覆白色蜡粉。复眼有上、下两部分，中间仅由一小眼连接，红褐色。触角第三节长于第四与第五节之和。雄成虫体长约1毫米。阳具与性刺长度相近，前端向上弯。

卵：长约0.2毫米，椭圆形，淡黄色。卵壳的表面光滑，一端有柄附在叶面上。

若虫：共4龄。初孵若虫体扁平，椭圆形，周缘有小突起17对。

伪蛹：壳长约1.3毫米，近椭圆形。胸气道口至横蜕缝前微凹陷。胸气道口有两瓣，气道较显著。羽化前蛹壳黄绿色，半透明，虫体隐约可见。羽化后蛹壳白色而软，长约1.35毫米。蛹壳前端及后端各有1对小刺毛，背上有3对疣状短突，其中2对在头上，1对在腹部前端。

（4）黑刺粉虱。

成虫：雌成虫体长0.9～1.3毫米，头、胸部暗褐色，覆白色蜡粉。复眼红色。腹部橘红色或橙黄色。前翅淡紫色，也覆白色蜡粉，上有7个不规则白色斑纹。后翅淡紫褐色。腹末背面有一管状孔。足黄色，腿节和基节微黄色，前足颜色较中、后足淡。触角7节，以第一节最短。雄成虫体与雌成虫体相似，但较小，触角以第四

油茶黑胶粉虱二龄若虫黑色介壳

柑橘粉虱雌成虫

黑刺粉虱雌成虫

节最短，腹末有抱握器。

卵：长约1毫米，长椭圆形，稍弯曲，有一短柄，直立附着在叶上。初产时乳白色，渐变为淡黄色，孵化前为黑色。

若虫：共3龄。初孵若虫扁圆形，无色透明，后渐变为灰色至黑色，有光泽，并在体躯周围分泌1圈白色的蜡质，体背上有黄色刺毛4根。二龄若虫为黄黑色，体背有6对刺毛。三龄若虫体长约0.7毫米，深黑色，体背上有刺毛14对，体躯周围的白色蜡质增多。

伪蛹：体长0.7 ~ 1.1毫米，近椭圆形，黑色，蛹壳边缘齿状，背部显著隆起，体背盘区胸部有9对刺毛，腹部有刺10对，两侧边缘雌蛹有刺毛11对，向上竖立。

【发生规律】

（1）杨梅粉虱。在浙江台州等杨梅产区1年发生2 ~ 3代，以若虫在叶背越冬。主要为害杨梅幼嫩的新梢叶片，以6 ~ 7月发生为害较重。

（2）油茶黑胶粉虱。在浙江台州等杨梅产区1年发生1代，以高龄若虫越冬。翌年4月上旬开始羽化，4月中旬为羽化盛期。成虫飞翔能力不强，多群集在新梢叶片上。若虫在6月上中旬出现，7月中下旬普遍蜕皮后进入二龄若虫期，并分泌透明胶液，若虫蜕皮发育至三龄直至化蛹，不再移动。油茶黑胶粉虱不仅为害叶片，还能诱发煤污病，直接影响杨梅的树势和产量。

（3）柑橘粉虱。在浙江省1年发生2 ~ 3代，以第三代为主。以若虫和伪蛹在叶背越冬，叶面上很少。第一、第二、第三代分别在4月中下旬至5月上旬、6月中旬至7月上旬、9月中下旬至10月上旬出现。成虫多在叶片上活动，卵散产于叶背，以嫩叶背面较多。每头雌成虫可产卵70 ~ 150粒，若虫孵化后立即在卵壳附近取食。行孤雌生殖，但后代均为雄虫。

（4）黑刺粉虱。在浙江台州等杨梅产区1年发生4代，世代不整齐，以二、三龄若虫在叶背越冬，3月下旬至4月羽化为成虫，随即产卵。各虫态发育重叠，第一、二、三、四代若虫盛发期大致分别在4 ~ 5月、6月中旬至7月中旬、8月中旬至9月中旬、10月下旬至11月。初羽化的成虫喜在树冠较阴暗的环境中活动，尤其喜食幼嫩枝叶。

【防治方法】

（1）农业防治。剪去生长衰弱和过密的枝梢，使杨梅树通风透光良好，降低发生基数。

（2）物理防治。利用粉虱的趋色性，在杨梅园悬挂黄板，一般在杨梅树1.5米高处悬挂黄板，每树挂1～2块。

（3）生物防治。利用蜘蛛、有益瓢虫、草蛉等天敌防治粉虱。收集已被座壳孢菌寄生的杨梅粉虱叶片，捣烂后兑水成孢子悬浮液，喷洒于树冠，重点喷洒叶背，可有效控制杨梅粉虱、柑橘粉虱和油茶黑胶粉虱的发生。同时，应创造适合天敌生存的环境，增加天敌庇护场所，以保护利用。

棉蚜 食叶害虫，刺吸汁液

属同翅目蚜虫科。

【为害特点】主要以成虫或若虫群集在杨梅新梢、嫩茎或幼芽上刺吸汁液，影响杨梅树势，并诱发煤烟病。

成虫或若虫群集在新梢上为害

蚜虫诱发煤烟病

【形态特征】

成虫：无翅胎生雌成蚜体长1.5～1.9毫米，春季多为深绿色、棕色或黑色，夏季多为黄绿色；前胸与中胸背面有断续灰黑色斑，第七、八节斑呈短横带，体表网纹清晰，头骨化、黑色；触角5节，仅第五节端部有1个感觉圈；腹管短，圆筒形，基部较宽。有翅胎生雌成蚜体长1.2 ~ 1.9毫米，黄色、浅绿色或深绿色；前胸背板黑色，腹部两侧有3 ~ 4对黑斑；触角短于虫体，第三节有小圆形次生感觉圈4 ~ 10个，一般6 ~ 7个。腹管黑色，圆筒形，基部较宽，有瓦楞纹。无翅型和有翅型体上均被一层薄薄的白色蜡粉，尾片均为青色，乳头状。

卵：椭圆形，长0.5 ~ 0.7毫米，深绿色至漆黑色，有光泽。

若虫：无翅若蚜夏季为黄白色至黄绿色，秋季为蓝灰色至黄绿色或蓝绿色。复眼红色，无尾片。触角一龄时为4节，二至四龄时为5节。有翅若蚜夏季为黄褐色或黄绿色，秋季为蓝灰黄色，有短小黑褐色翅芽，体上有蜡粉。

【发生规律】在浙江1年发生20代以上。以有性卵在枝上越冬。2月中下旬至3月中旬孵化。1年中以4 ~ 6月与9 ~ 10月发生较多，12月产卵越冬。

【防治方法】

（1）杨梅园地不栽棉花、绣线菊；也不与桃、柑橘、茶叶等混栽，避免中间寄主的相互影响。

（2）冬季清园。去除园边杂草杂木，并结合冬剪，剪除被害枝或越冬卵的枝，减少虫源。

（3）保护利用天敌。保护利用有益瓢虫、食蚜虻、草蛉、小花蝽、蜘蛛、捕食螨、寄生蜂、寄生菌等天敌，控制蚜虫发生。

（4）喷药防治。首先要早治、点治，即在蚜虫少数发生时，及早对这些虫枝点治，不要盲目地全树喷药。其次要尽量采用生物性、矿物性农药及高效、低毒、低残留的化学农药进行防治。

蚱蝉 枝干害虫

属同翅目蝉科，俗称知了。全国各地均有分布，可为害杨梅、荔枝、柑橘、梨、桃和枇杷等多种果树。

【为害特点】系杂食性害虫，以成虫在枝条上产卵造成危害，幼树受害较重。成虫除刺吸果树枝干上的汁液外，还将产卵器插入枝条和果穗枝梗组织内产卵，造成许多机械损伤，严重影响水分和养分的输送，致使树势衰弱，受害枝条枯萎。

蚱蝉产卵枝

【形态特征】

成虫：体长38 ~ 48毫米，翅展125毫米。体黑褐色至黑色，有光泽。复眼突出，淡黄色。

卵：长椭圆形，长2.4 ~ 2.5毫米，淡黄白色，有光泽。

若虫：末龄若虫体长约35毫米，黄褐色或棕褐色。前足发达，有齿刺，为开掘式。

【发生规律】3 ~ 5年发生1代，以卵在寄主植物组织内和以若虫在土壤中越冬。越冬卵于翌年6月孵化为若虫，落地入土，在土中生活。越冬后的末龄若虫，在翌年初夏雨后的夜晚出土爬上果树，攀附在树干、枝叶上或其他适宜的部位，不久即可羽化为成虫。羽化时蜕出最后的一层皮（称“蝉蜕”），仍留在原若虫的攀附处。每年4月底至9月可见成虫发生，8月为成虫盛发期，成虫喜欢在树干上群集鸣叫，一旦受惊即迅速飞逃。6 ~ 7月为产卵盛期，卵多产于直径为4 ~ 5毫米的当年生枝条上。产卵时将产卵器插入枝条组织内，形成卵窝10多个，卵窝沿枝和梢纵列或不规则螺旋状向上。卵期300多天。雌成虫寿命60 ~ 70天。

【防治方法】

（1）剪除卵枝，消灭虫卵。结合冬季修剪，将所有的卵枝剪除，然后集中处理，可以将蚱蝉的为害消除于萌芽之前，减少虫源基数，经过几年这样的努力，可将蚱蝉控制到危害程度以下。

（2）人工捕捉若虫。于6月下旬在树干基部距地面30 ~ 40厘米处用塑料胶带缠裹一圈，胶带光滑面向外，同时对整个杨梅园进行清理，首先是清除园中杂草，其次是切断一切除主干外树冠与地面联系的物体。在蚱蝉出土期（6月下旬至8月上旬）的每日傍晚开始人工捕捉出土若虫。每天晚上7时至翌日凌晨2时为蚱蝉若虫上树期，蚱蝉爬到胶带处便爬不动，只需以手电逐行逐株检查胶带下方即可，捕捉起来较为简单。

（3）保护利用天敌。注意保护杨梅园中螳螂、麻雀、白僵菌等天敌。

碧蛾蜡蝉 枝干害虫，吸食汁液

属同翅目蛾蜡蝉科。又名碧蜡蝉、黄翅羽衣。可为害杨梅、茶树、柑橘、荔枝、龙眼、桃、李、梅、石榴、无花果、梨等果树。

【为害特点】系杂食性害虫，以成虫、若虫吸食枝条和嫩梢汁液，使其生长不良，叶片萎缩而弯曲，重者枝枯果落，影响杨梅产量和品质。排泄物可诱致煤烟病发生。

碧蛾蜡蝉若虫正在为害枝干

【形态特征】

成虫：体长7毫米，翅展21毫米，黄绿色，顶短，向前略突，侧缘脊状褐色。额长大于宽，有中脊，侧缘脊状带褐色。喙粗短，伸至中足基节。唇基色略深。复眼黑褐色，单眼黄色。前胸背板短，前缘中部呈弧形突出达复眼前沿，后缘弧形凹入，背板上有2条褐色纵带；中胸背板长，上有3条平行纵脊及2条淡褐色纵带。腹部浅黄褐色，覆白粉。前翅宽阔，外缘平直，翅脉黄色，脉纹密布似网纹，红色细纹绕过顶角经外缘伸至后缘爪片末端。后翅灰白色，翅脉黄褐色。足胫节、跗节色略深。静息时，翅常纵叠成屋脊状。

卵：纺锤形，长1毫米，乳白色。

若虫：老熟若虫体长8毫米，长形，体扁平，腹末截形，绿色，全身覆以白色棉絮状蜡粉，腹末有白色的、长的棉絮状蜡丝。

【发生规律】1年发生代数因地域不同而有差异，大部分地区1年发生1代，浙江省1年发生2代。以卵或成虫在枯枝中越冬。1代区翌年5月上中旬孵化，7～8月若虫老熟，羽化为成虫，至9月受精雌成虫产卵于小枯枝表面和木质部。2代区第一代成虫在6～7月发生，第二代成虫在10月下旬至11月发生，一般若虫发生期为3～11个月。

【防治方法】

（1）加强检疫。对调运的寄主植物及其产品必须严格检疫，以防止传播蔓延。

（2）人工防治。成虫盛发期，树上出现白色棉絮状物时，人工用木杆或竹竿触动树枝致若虫落地后杀灭。

（3）农业防治。生长季疏除过密的枝条及产卵枝，改善通风透光条件及减少若虫孵化量。冬季结合果园修剪清除有虫枝叶，减少虫源，降低虫口密度。

（4）生物防治。保护和利用有益瓢虫、螳螂、蜘蛛、草蛉等天敌，对控制碧蛾蜡蝉为害具有较好的效果。

铜绿丽金龟 成虫为害地上部，幼虫为害地下部

属鞘翅目金龟总科。食性杂，食量大，除为害杨梅外，还可为害柑橘、柿、梨、板栗、桃、梅、李、杏、海棠、葡萄等。

【为害特点】以成虫为害杨梅春梢、夏梢嫩叶和果实，幼虫（称为蛴螬）为害杨梅苗木，咬断致死。

【形态特征】

铜绿丽金龟成虫（放大）

成虫：体长16～22毫米，宽8～12毫米。体色铜绿，有光泽，体长卵圆形，背腹扁圆。头、前胸背板色泽明显较深。鞘翅色较淡而泛铜黄色。唇基前缘、前胸背板两侧呈淡褐色条斑。臀板黄褐色，常有1～3个形态多变的铜绿色或古铜色斑点。腹面多呈乳黄色或黄褐色。头大，唇基短阔梯形，头面具皱密刻点。触角9节，棒状部由3节组成。前胸背板大，前缘边框有显著角质饰边，后缘边框中断。小盾片近半圆形。鞘翅密布刻点，背面有2条纵肋，边缘有膜质饰边。胸下密被绒毛。腹部每腹板有一排毛。前足胫节外缘具2齿。

卵：椭圆形，直径约2毫米，黄白色，后来膨大成椭圆形，长约2.5毫米，宽约2.2毫米。

铜绿丽金龟幼虫（蛴螬）

幼虫：体长30 ～ 33毫米，头部前顶毛每侧各8根，后顶毛10 ～ 14根，臀节腹面具刺毛2列，每列由13 ～ 14根刺组成。

蛹：体长18 ～ 21毫米，长卵圆形，淡黄色，气门黑色，体背中央有1条纵沟。

【发生规律】 在浙江省1年发生1代，以三龄幼虫在土中越冬。翌年4月初越冬幼虫上升到表土层取食为害，5月上旬于15 ～ 20厘米深表土层内化蛹，5月中旬成虫羽化，羽化不整齐，6月中旬至7月中旬是成虫的为害盛期。成虫有较强的趋光性、假死性和极强的群集性。白天一般潜伏在地上或杂草中，黄昏时飞至树冠上整夜取食或交尾，以闷热无雨、无风的夜晚活动最盛，翌日凌晨开始飞离树冠。阴雨天气部分成虫也能在白天活动。一般在日照偏少的杨梅园，或有高大树种遮阴的混栽园为害较重。成虫一生可多次交尾，卵散产于土下5 ～ 6厘米处，每头雌成虫一生产卵约40粒，平均寿命约1个月。卵约10天孵化，幼虫在表土层中为害苗木根茎，10月后老熟幼虫钻入20 ～ 30厘米深处土中做土室越冬。

【防治方法】

（1）**诱杀成虫**。可利用黑光灯、糖醋液诱杀或利用其假死性人工捕杀成虫。

（2）施用充分腐熟的堆肥或厩肥，防止果园或苗圃地成虫产卵。

（3）冬季深翻杨梅园土，冻死幼虫。

（4）**生物防治**。保护和利用可网捕成虫的圆蛛或肖蛛。保护和利用可寄生金龟子幼虫的追寄蝇、撒寄蝇、赛寄蝇等。

黄小叶甲 食叶害虫

属鞘翅目叶甲科。

【为害特点】 以幼虫、成虫食害杨梅新梢、叶芽，严重时新梢、叶芽全被吃光，叶片半成熟时上部1/3处下表皮被食，残留上表皮，使叶片枯焦，远看似火烧状。

黄小叶甲成虫为害新梢

【形态特征】 成虫长椭圆形，雌虫体长4.8 ~ 5.2毫米，雄虫体略小，背壳淡黄色，足3对，腹部黑色，能飞2 ~ 3米。

【发生规律】 在浙江1年发生3代，以成虫于10月上旬在地面杂草丛、枯枝、地衣或松土中越冬，翌年3月下旬开始产卵于杨梅新梢、嫩叶上，羽化后2 ~ 3天开始取食。

黄小叶甲成虫

【防治方法】

（1）清园。加强栽培管理，清除树上的地衣、枯枝以及中耕松土等，以消灭或减少化蛹或越冬场所。

（2）糖醋液诱杀。敌百虫、糖、醋、酒、清水按1 ∶ 5 ∶ 10 ∶ 10 ∶ 20配制成诱饵，盛放于糖醋液容器中在果园内摆放或悬挂，以每株为一个点，诱杀成虫。

糖醋液诱杀黄小叶甲成虫

天牛 蛀干害虫

属鞘翅目天牛科。为害杨梅的主要是白斑星天牛、褐天牛和茶天牛3种。

【为害特点】 主要以幼虫蛀食杨梅枝干，造成枝干折断或树势衰弱，甚至植株枯死。

【形态特征】

（1）白斑星天牛。

成虫：体长19 ~ 39毫米，漆黑色，有光泽，前胸背板有3个明显瘤状突起，鞘翅背面有白色绒毛组成的小斑，每翅约有20个，排列成不整齐的5个横行，似天上的星星，故名“白斑星天牛”。

白斑星天牛成虫停在枝上

卵：长圆形，乳白色，孵化前呈黄褐色。

幼虫：老熟幼虫体长45 ~ 67毫米，淡黄色。

蛹：体长约30毫米，乳白色，羽化前呈黑褐色。

（2）褐天牛。

成虫：体长26 ~ 51毫米，黑褐色或黑色，有光泽，被灰黄色绒毛。头胸背面稍带黄褐色。雄成虫触角超过体长的1/2 ~ 2/3；雌成虫触角较身体略短。

褐天牛成虫停在枝上

卵：呈卵圆形，长约8毫米，初产时乳白色，后变成黄褐色，卵壳上有网状花纹。

幼虫：老熟幼虫体长46 ~ 50毫米，乳白色。

蛹：呈乳白色或淡黄色，翅芽长达腹部第三节末端。

(3) 茶天牛。

茶天牛成虫

成虫：体长25～33毫米，灰褐色，具黄褐色绢状光泽，被黄色绒毛。头黑褐色，前胸两侧稍突起，背板具皱纹，鞘翅肩部有下凹刻纹，末端圆形。

卵：长椭圆形，长约4毫米，乳白色，一端稍尖。

幼虫：老熟幼虫体长30～45毫米，乳白色，前胸背板骨化部分前缘分成4块黄白色斑，前胸腹面密生细毛，各节背面中央均有隆起的泡突。

蛹：长约25毫米，乳白色，复眼黑色，羽化前为灰褐色。

【发生规律】

(1) 白斑星天牛。在浙江省1年发生1代，幼虫为害杨梅树干基部或主根，并在此越冬。成虫于4月下旬开始羽化，5～6月为羽化盛期，交尾后10～15天开始产卵，卵多产在离地3～5厘米的树干上，着卵处皮层隆起裂开呈L形或T形，每只雌成虫可产卵70～80粒。幼虫孵化后在树皮内蛀食，1～4个月后蛀入木质部，11～12月幼虫停止取食进入越冬。幼虫期长约10个月。幼虫在树干距地面3～5厘米处皮层蛀食为害，蛀道为沟状，及至地面以下后，向树干基部周围扩展，迂回为害，常因数条虫在树皮下蛀食环绕成圈，至整株枯死。有的在皮层沿根向下为害可达16～30厘米处，转而爬至距地面较近处再蛀入木质部，蛀入孔常位于地面以下3～7厘米或仅在地面以上树干内为害。其成虫也会在树冠内啃食细枝皮层或食叶呈缺刻。一般在晴天上午

白斑星天牛幼虫在树皮下蛀食环绕成圈

或傍晚活动，午后高温时停息在枝梢上，夜晚停止活动。

（2）褐天牛。在浙江省2年完成1个世代，以幼虫或成虫在枝干内越冬，幼虫期长达15 ~ 20个月。7月上旬以前孵化的幼虫，于翌年8月上旬至10月上旬化蛹，10月上旬至11月上旬羽化为成虫，并在蛹室中潜伏越冬。8月以后孵化的幼虫需经历2个冬季，到第三年的5 ~ 6月化蛹，8月以后成虫才外出活动。越冬虫态有成虫、2年生幼虫和当年生幼虫。成虫寿命长达1个月以上，交尾后数小时至30余天开始产卵。卵多产于树干30 ~ 100厘米的分杈、伤口或树皮凹陷处，每年产数粒。卵期为5 ~ 15天。

（3）茶天牛。在浙江省1年发生1代，以成虫或幼虫在被害树干基部或根内越冬。成虫于5月中旬外出交尾产卵。卵产于近地面的树干皮下，尤其是老树树干皮下。卵约经10天后孵化，初孵幼虫在皮下取食，不久蛀入木质部，先向上蛀10厘米，再向下蛀成大而弯曲的隧道，在道口常见到许多蛀屑与粪便堆积。蛀入主根深30 ~ 40厘米。幼虫期约10个月。以幼虫越冬者，9月化蛹，蛹期24 ~ 30天后羽化成虫，成虫有趋光性。

茶天牛幼虫蛀入道口的蛀屑

【防治方法】

（1）枝干涂白。加强肥培，增强树势。用生石灰10份、硫黄粉1份、食盐0.2份、水30 ~ 40份，加敌百虫0.2份，调成涂白剂，进行枝干涂白，并堵塞树干上的孔洞，清除树冠基部的杂草，减少产卵。

（2）定期培土。加强栽培管理，树干根颈部定期培上厚土，以提高星天牛的产卵部位，便于清除卵粒。清明前后钩杀幼虫时于树干根颈部培上厚土，夏至前后钩杀幼虫时除去培土。

（3）人工捕杀成虫。在5 ~ 6月晴天中午及午后或傍晚进行。星天牛成虫一般多于晴天中午栖息枝端，在树枝上交尾；褐天牛多于晴天闷热的傍晚在树干基部产卵。同时在附近风景林木和其他害虫寄主植物上觅捕成虫。

(4) 人工钩杀幼虫。清明、夏至、秋分前后，检查树体，凡有新鲜虫粪者，可用细钢丝钩杀幼虫。

(5) 生物防治。保护和利用花斑马尾姬蜂、褐纹马尾姬蜂及寄生蝇，或喷洒病原寄生线虫。

小粒材小蠹 蛀干害虫

为鞘翅目小蠹虫科齿小蠹亚科小粒材小蠹属的食菌小蠹。

【为害特点】系杨梅蛀干类杂食性害虫，主要以成虫蛀干为害杨梅、无花果、苹果、山核桃等果树。盛产树被害后迅速枯死，且呈连片状扩散蔓延，果农损失巨大。

【形态特征】雌成虫体长2.3 ~ 2.5毫米，黑色。雄成虫体长1.7 ~ 2.2毫米，棕褐色。成虫长圆柱形，体表被稀疏的绒毛，前胸背板长大于宽，前部2/5具稀疏的颗粒状瘤和金黄色短毛，后部3/5具微弱的刻点。鞘翅长度约为前胸背板长度的1.7倍，后部1/4呈斜坡形；刻点排列成行，坡面第一和第三沟间刻点呈粒状，具短毛，第二沟间刻点消失，无短毛。

小粒材小蠹雄成虫

【发生规律】在浙江省1年发生3 ~ 5代，每年8 ~ 9月出现，羽化后，两性成虫离开原先生长发育的坑道，在外面或者入侵新树后进行交配，共同筑造新坑道。坑道不分母坑道与子坑道，只有1个穴状的共同坑，深入木质部中，亲代和子代在穴中共同生活。专门为害离地面50厘米以内的杨梅主干部以及离地面20厘米以内的一级主侧根部。此虫飞行能力弱，爬行慢，有3对锋利的挖掘足。利用挖掘足在木质部或韧皮部蛀成直径2 ~ 3.5毫米大小的黑色虫道，树皮外面只发现少量较细的木屑。全年均可见到成虫，成虫蛀成虫道后，虫体带有真菌，在虫道里大量繁殖，起先呈一层白色菌丝，后变成黑色。菌丝成为小蠹虫的主食，同时分泌有毒物质，在木质部扩散，使木质部变褐色并发出臭味，此时树体很快死亡。当树体外有少量木屑时，当年树势明显衰弱，翌年即枯死，死亡率极高。

【防治方法】

（1）在冬春季对树干进行涂白，可起到预防的作用。

（2）对已遭受虫害的植株，于每年3月用相对应的药物加防水涂料5 ~ 10倍涂刷主干受害部，快速杀死树体主干内的小粒材小蠹，能使受害初期、木质部尚未全部褐变的杨梅树康复，但木质部已全部褐变的杨梅树，则无法康复。

蜗牛 食叶、果害虫

属柄眼目巴蜗牛科。俗称水牛、蜒蚰螺。全国普遍发生，但以南方及沿海潮湿地区较重。浙江省常见的优势种为灰巴蜗牛和同型巴蜗牛2种。

【为害特点】系食性极杂的软体动物。雌雄同体，可为害草莓、柑橘和杨梅等果树与蔬菜。初孵幼贝只取食叶肉，留下表皮，爬行时在移动线路上留下黏液痕迹。成贝经常食害嫩叶、嫩茎、叶片及果实，致使孔洞或折断或落果。

【形态特征】

（1）灰巴蜗牛。

成贝：成贝爬行时体长30 ~ 36毫米，贝壳中等大小，壳质稍厚，坚固，呈圆球形。壳高19毫米、宽21毫米，有5.5 ~ 6个螺层，顶部几个螺层增长缓慢、略膨胀，体螺层急骤增长、膨大。壳面黄褐色或琥珀色，并具有细致而稠密的生长线和螺纹。壳顶尖。缝合线深。壳口呈椭圆形，口缘完整，略外折，锋利，易碎。轴缘在脐孔处外折，略遮盖脐孔。脐孔狭小，呈缝隙状。个体大小、

灰巴蜗牛成贝在杨梅叶片上取食

颜色变异较大。

卵：圆球形，白色。卵壳坚硬，常10 ~ 20粒或以上集于一起，黏成卵堆。

幼贝：初孵化幼体长仅2毫米，贝壳淡褐色。

（2）同型巴蜗牛。

成贝：成贝爬行时体长30 ~ 36毫米，体外有一扁圆球形坚硬贝壳，有5 ~ 6个螺层，顶部螺层增长稍慢，螺层周缘及缝合线处常有一暗褐色带，壳顶较钝，缝合线深，壳面红褐至黄褐色，具细致而稠密的生长线。壳口呈马蹄状，口缘锋利。头上有2对可翻转缩入的触角，眼在后触角顶端。足在身体腹面，适于爬行。

同型巴蜗牛成贝在杨梅叶片上取食

卵：圆球形，直径2毫米，初产时乳白色，近孵化时为土黄色。

幼贝：幼贝形态、颜色与成贝相似，体型细小，初孵时半透明，隐约可见乳白色肉体，螺层多在4层以下。

【发生规律】在浙江省1年发生1 ~ 1.5代。11月下旬以成贝和幼贝在田埂土缝、残株落叶、宅前屋后的物体下越冬。翌年3月上中旬开始活动，白天潜伏，傍晚或清晨时取食，阴雨天气多时则整天栖息在植株上。4月下旬到5月上中旬成贝开始交配，后不久把卵成堆产在植株根颈部的湿土中，初产的卵表面具黏液，干燥后将卵粒黏在一起成块状，初孵幼贝多群集在一起取食，长大后分散为害，喜栖息在植株茂密的低洼潮湿处。温暖多雨天气及田间潮湿地块受害重；遇有高温干燥条件，蜗牛常把壳口封住，潜伏在潮湿的土缝中或茎叶下，待条件适宜时（如下雨或灌溉后），于早晨或傍晚外出取食。

【防治方法】

（1）及时清园。清除果园周围杂草、残枝落叶和砖石块，及时中耕除草以破坏其栖息与产卵场所。

（2）草堆诱捕。果园堆集杂草作为诱饵，在清晨或阴雨天进行人工捕捉，集中杀灭。

（3）树干涂石灰封杀。

（4）每亩用茶籽饼粉3千克撒施，或用茶籽饼粉1 ~ 1.5千克加水100千克，浸泡24小时后，取其滤液喷雾。

野蛞蝓 食叶、果害虫

属柄眼目蛞蝓科。俗称蜒蚰、鼻涕虫。主要分布在我国中南部及长江流域地区。可为害草莓、杨梅、蔬菜与花卉等多种作物。

【为害特点】系杂食性陆生软体动物，雌雄同体。主要为害杨梅果实与叶片，叶片被害形成孔洞或缺刻，成熟果被害后果肉上形成缺口。

野蛞蝓成虫正在为害杨梅嫩枝

野蛞蝓

【形态特征】

成虫：体长梭形，体软光滑而无外壳。体表暗灰色，爬行时体长约33毫米，腹面具爬行足，爬过处留有白色光亮的黏液。头部前端有2对暗黑色的触角，能伸缩。短的触角有感觉作用，长的端部有眼。生殖孔在右侧触角基部后方约3毫米处。呼吸孔在体右侧前方，上有细小的色线环绕。口腔内有角质齿舌。体背前端具有外套膜，为体长的1/3，边缘卷起，内有退化的贝壳（即盾板），上有明显同心圆线（即生长线），同心圆线中心在外套膜后端偏右。

卵：椭圆形，直径2 ~ 2.5毫米，白色透明，韧而富有弹性，近孵化时色泽变深。

幼体：初孵时体长2 ~ 2.5毫米，淡褐色似成体。

【发生规律】 在浙江省1年发生1代，以成体、幼体在作物根部、草堆石块下及其他潮湿阴暗处越冬。5 ~ 7月在田间大量为害，入夏气温高时活动减弱，秋季凉爽后又开始活动。完成1个世代约250天，5 ~ 7月产卵，卵期16 ~ 17天，从孵化到成虫性成熟约55天，成虫产卵期长达160天。卵产于湿度大且隐蔽的土缝中，每隔1 ~ 2天产1次，1 ~ 32粒。野蛞蝓怕光，强光照下2 ~ 3小时即死亡，经常在黄昏后或阴天外出寻食，晚上10 ~ 11时外出寻食达到高峰，清晨前陆续潜入土中或隐蔽处。耐饥能力很强，在食物缺乏或其他不良条件下不吃不动。阴暗潮湿的环境易大发生，气温11.5 ~ 18.5℃、土壤含水量70% ~ 80%时对其生长发育最为有利。

【防治方法】 参照蜗牛防治方法。

（三）根系虫害

小地老虎　地下部害虫

属鳞翅目夜蛾科。地老虎又名地蚕、切根虫、夜盗虫。全国都有分布，食性杂。

【为害特点】 以幼虫咬食未出土的种芽，或从幼苗基部咬断，拖至土中，造成缺苗；也可爬至苗木上部，咬食嫩茎和幼芽。

【形态特征】

成虫：体长17 ~ 23毫米，翅展40 ~ 54毫米，灰褐色。头、胸呈暗褐色，腹部为灰褐色。

卵：扁圆形，上有纵横隆线。

幼虫：体长37 ~ 50毫米，黑褐色。体背有淡色纵带，各腹节背板上有2对毛片，表皮上有明显的颗粒。臀板黄褐色，有深黄色纵带2条。

小地老虎成虫

蛹：体长18 ~ 24毫米，赤褐色。第四至第七腹节背面中央均有粗大刻点，腹末有短刺1对。

【发生规律】 长江以南地区1年发生4 ~ 5代，以蛹及幼虫或成虫越冬。成虫昼伏夜出，有很强的趋光性和趋化性，卵多产于低矮叶密的杂草上。4 ~ 6月是第一代幼虫为害期，且数量多、为害重，它白天潜伏于土中，夜间出来活动。幼虫一般分为6龄，历期30 ~ 40天，三龄前群集性强，后分散为害。幼虫有假死性，受惊即卷曲成环。当食料缺乏或环境不适时，常在夜间迁移。多发生在雨水充足、常年土壤湿度较大的地区。

【防治方法】

（1）清除杂草。既可灭卵，又可防止杂草上的幼虫转移到杨梅幼苗上为害。

（2）诱杀成虫。发蛾盛期，点黑光灯诱杀，或用糖醋液（红糖、醋、酒、敌百虫、水的比例为6 ∶ 3 ∶ 1 ∶ 1 ∶ 10）诱杀。

（3）人工捕杀幼虫。早晨在苗圃地发现断苗，可在附近土中人工捕杀幼虫，或在傍晚将新鲜的泡桐树叶放入苗圃地，每亩放60 ~ 80张，翌日清晨检查并进行人工捕杀。

（四）系统性虫害

黑翅土白蚁

属等翅目白蚁科。

【为害特点】 系杂食性害虫，大多啃食树势衰弱杨梅树的主干和根部，并筑起泥道，沿树干通往树梢，损伤韧皮部和木质部，使树体的水分和营养物质运输受阻，致使地上部的枝叶脱落枯黄。如果木质部受害，则全树枯死。

【形态特征】

成虫：白蚁是社群性昆虫，有蚁后（雌蚁）、蚁王（雄蚁）、兵蚁和工蚁之分。工蚁是蚁巢中的劳动者，体长10 ~ 12毫米，翅长20 ~ 30毫米，黑褐色；蚁后体肥大，长50 ~ 60毫米，专门产卵。兵蚁的头较阔，宽度在1.15毫米以上，上颚近圆形，左右各有一齿，以左齿较强且明显。蚁王无翅，头淡红色，体为黄棕色，胸部残留翅鳞。

卵：乳白色，椭圆形，长径0.6毫米，短径0.5毫米，一边较平直。

另有一种黄翅大白蚁，体型稍大，并且翅呈淡黄色，其他形态同黑翅土白蚁，两者统称土栖白蚁。

衰弱树根部蚁道

白蚁为害后的树桩

白蚁为害杨梅树形成的泥道

白蚁为害后枝叶脱落枯黄

白蚁成虫

白蚁与蚁道

【发生规律】4 ~ 10月是白蚁的活动为害期，当气温达到20℃以上时，白蚁外出觅食为害。5 ~ 6月有翅白蚁繁殖分飞，交配或分巢。11月至翌年3月为越冬期。蚁后产卵量惊人，常年产卵量在100万粒左右。

【防治方法】

（1）清园。及时清除园边杂木，挖去树桩及死树，以减少蚁源，降低为害率。

（2）灯光诱杀。有翅白蚁有趋光性，在5 ~ 6月闷热天气或雨后的傍晚，待有翅白蚁飞出巢时，点黑光灯诱杀。

（3）扑灭蚁巢。白蚁越冬期，找到通向蚁巢的主道后，用人工挖巢法，或向巢内灌水法，或压杀虫烟法整巢消灭，通常以压杀虫烟法效果好。

（4）人工诱杀。常年4 ~ 10月在白蚁为害区域，每隔4 ~ 5米定1点，先削去山皮、柴根，挖深、长、宽为10厘米 × 40厘米 × 30厘米的浅穴，再放上新鲜的芒萁等嫩草和松针叶，其上压土块或石块，以后隔3 ~ 4天检查一次，如发现白蚁群集，立即用白蚁粉喷洒，集中灭蚁。还可寻找杨梅树上的蚁道，发现白蚁后即喷少量白蚁粉，使其带毒返巢，共染而死。白蚁粉的配制方法主要有两种：一种是亚吡酸46%、水杨酸22%和滑石粉32%；另一种是亚吡酸80%、水杨酸15%和氧化铁5%。

（5）喷药防治。将配好后的白蚁粉装入洗耳球或喷粉胶囊中，对准蚁路、蚁巢及白蚁喷撒。也可直接用亚吡酸、水杨酸或灭蚁灵对准蚁路、蚁巢喷杀。白蚁严重的果园，在白蚁活动期用白蚁粉诱杀，根据白蚁相互吮舐的习性，使其整巢死亡。

第 8 章

防灾减灾

一、冻害

1. 危害特点 杨梅是一种耐寒性较强的树种，在越冬期间其营养器官耐寒性较强。一般在年极端最低气温高于 -9℃的地区，都能安全越冬。但当冬季极端最低气温低于 -9℃、日最高气温≤0℃连续出现 3 天或以上时，就会使杨梅树体严重受冻，枝干冻裂，枝叶及新梢受到冻害，从而导致当年减产。轻度冻害树势衰弱，叶色淡黄；受到严重冻害的树到 5月中旬枝条开始大量变干死亡，6 ~ 7 月整株死亡。杨梅开花期抗低温能力较弱，在早春杨梅开花期遇冷空气南下，温度降至 0 ~ 2℃时或低于0℃时，会造成花器冻害，影响开花受精而不结实，发生大量落花，造成减产。

枝干冻裂

枝梢受冻害

寒潮前修剪后受冻害状

2. 预防措施

（1）加强果园管理，提高植株抗寒性。注重树体矿质营养调控，未投产小树要严格控制树体营养，防止营养过剩造成树皮松嫩、木质化程度低而易遭受冻害；投产树施肥一般在7月台风前后施入，注重氮磷钾肥配比和中微量元素肥料的补充，培养中庸健壮树势，使植株组织充实，木质化程度高，以提高抵御冻害的能力。在强冷空气来临前，对树盘灌水保温，可推迟花期，减少水分蒸发。大雪后及时摇落树体上的积雪，融雪前清除树干基部周围的积雪。

（2）树体保护。在冬季来临前，枝干用涂白剂涂白，既可防冻又可防治越冬病虫害。涂白剂配方为生石灰：石硫合剂原液：食盐：水=2：1：0.5：10。采用稻草、防寒布包裹枝干及培土覆盖根颈部等方法防止杨梅树体遭受冻害。有条件的，幼树可用稻草或薄膜遮盖树冠，成年树可在树盘周围覆盖地膜或杂草。

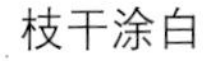
枝干涂白

防寒布包裹枝干防冻

（3）喷布防冻剂。全树喷布防冻剂，可有效减轻冻害发生。供选用的防冻剂有螯合盐制剂和生物制剂等。

（4）熏烟增温。冬季极端低温持续来临，急剧降温前及时采取果园熏烟的方法。一般在夜里0～1时进行，一定要在冻害来临前应用，否则起不到应有的作用。在果园四周用木屑、柴火、杂草等进行熏烟增温，每亩3～5堆。

3. 补救措施

（1）除雪减损。低温如遇大雪，要及时摇落或用竹竿清除树上积雪，防止积雪压裂、压断枝条，减轻雪灾损失。

（2）合理修剪。若植株遭受轻微冻害，则要及时摘除卷曲冻死叶片和枯梢；若严重受冻，则在新枝芽萌动的4月，及时剪除枯死枝条，而对大枝的修剪可适当推迟到5月，在确定大枝枯死后再剪除。

树干冻裂部位用薄膜绑扎

（3）裂皮防治。树干基部冻裂，应及早将裂缝及树皮紧紧缠住。被冻裂主干及一级主枝，先用天达2116细胞膜稳态剂200倍液涂韧皮部，再用稻草绳、薄膜绑扎，并及时清理被冻伤的叶片。

（4）补充营养。杨梅树受冻害后树势较弱，应及时叶面喷施天达2116细胞膜稳定剂800 ~ 1 000倍液或0.2%磷酸二氢钾液或高效稀土1 000 ~ 1 200倍液，以迅速补充树体养分。

（5）病虫害防治。受冻害的杨梅树易导致干枯病、枝腐病、炭疽病等暴发流行，应及时喷施杀菌剂，预防病害流行。

二、热害

1. 危害特点 杨梅果实生长发育期，温度、空气湿度适宜，有利于杨梅果实膨大、转色、成熟和品质提升。但有些年份气温高，高温日数多，致使杨梅果实遭受日灼或高温逼熟，当日极端最高气温大于35℃以后，杨梅果实表面易被灼伤，尤其是朝阳的部位受伤明显，造成杨梅果实产量和品质下降。强光直射至杨梅树干，使树皮受到灼伤而引起非侵染性病害日灼病。多发生在修剪不当引起的裸露枝干

杨梅果实日灼病

上，最初产生块状、条状褐色斑块，随后斑块开裂，树皮和木质部分离、脱落，严重时叶片失水萎蔫下垂，颜色从绿变黄，直至红黄色而死亡。

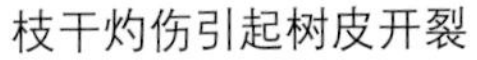
枝干灼伤引起树皮开裂

枝干日灼病

遭受日灼的枝干切面

枝干遭受严重日灼

2. 预防措施

（1）新建园最好留少量林木或杂木，起一定的遮阳作用，待第三年杨梅长大后再逐步伐除。

（2）晴热天气来临前，在杨梅树冠上部覆盖一层遮阳网，可以防止太阳强光直接照射果实表面而引起灼伤。遮阳网覆盖，还可减少地表水分的蒸发，又可使土表温度比露地栽培降低3 ~ 5℃，从而保证树体对水分的需求。

（3）采用生草栽培，减少土壤水分蒸发，可明显减轻果实日灼病的发生。

（4）合理修剪，特别是大枝修剪应分2 ~ 3年进行，不可一次性到位以免引发枝干过度裸露。对枝干裸露部位，应涂以涂白剂或包扎稻草等防晒。

枝干稻草包扎防晒

枝干涂白防晒

3. 补救措施

（1）及时采收高温灼伤的杨梅果实，防止高温天午后降雨而导致的果实软腐，以及连带果蝇的暴发。

（2）对枝干上灼伤的斑疤，应用快刀削平，并涂以石硫合剂加402抗菌剂保护。

三、风害

1. 危害特点　一种风害称寒风害。杨梅是雌雄异株、风媒花果树，花期微风有利于雄花粉的散发、传粉，提高坐果率。但是在浙江杨梅产区3 ~ 4月的开花期，从西北黄土高原吹来带有黄色粉末的风（浙江果农称为“落黄沙”天气），并伴着低温、低湿，常使温度降到0 ~ 2℃，相对湿度小于30%，从而引起花器冻害，影响开花和坐果。

另一种风害称大风害。杨梅树冠高大，根系较浅，枝条较松脆，遇台风、强寒流、龙卷风等大风天气，易使枝条损伤甚至折断，树体倒伏，根系受伤，甚至连根拔起或拦腰折断，致使当年或翌年杨梅产量降低，给杨梅生产带来严重危害。

风害致树体倾倒

2. 预防措施

（1）建园时应选择在避风的地块。

（2）加强果园管理，推广矮化栽培，修剪树冠，减少阻力，减少风害发生。风害来临前，风口处树体立支柱固定和培土加固。

（3）在大风频繁发生的地区，应建设防风林。

3. 补救措施

（1）风害过后，及时扶树理枝，修剪清理断枝，缚扎折裂枝条；植株倾倒、根系外露、伤根严重的树，不宜扶直，应抓紧培土护根，同时，做好树冠剪叶、疏枝工作，减少叶片水分蒸腾。

（2）树体遭受风害后，根系受损，吸收肥水能力减弱，不宜立即根施肥料，可选用0.1%～0.2%磷酸二氢钾、0.3%尿素或绿芬威2号1 000倍液等进行根外追肥，待树势恢复后，再进行根际施肥，促发新根。

（3）风害过后，树体伤口多，极易感染病菌，因此，要注意做好喷药防治工作，防止褐斑病、癌肿病、赤衣病等病害暴发。

风害后不当扶正导致树体死亡

四、雪害

大雪致树冠积雪

1. 危害特点　杨梅树枝繁叶茂，树冠较大，树冠上容易积雪，又因杨梅枝条松脆，因此大雪易导致树枝折断，严重者造成主枝劈裂，甚至连主干压倒。雪害往往伴随着冻害，大雪后的融雪期，融冻交替、冷热不均，导致杨梅树枝、叶和花芽遭受冻害，造成产量大幅度下降。

2. 预防措施

（1）下大雪前，给杨梅树设立支柱或用绳索捆绑加固。

（2）大雪时常常伴随低温冰冻天气，可采用涂白枝干、稻草包裹树干、培土覆盖根颈和遮阳网覆盖树冠等方法防止树体受冻，尤其要注意对幼年树的保护，有条件的梅农可在杨梅树根周围1米的直径范围内铺覆地膜或者铺一层厚厚的杂草以提高土表温度。

（3）对枝叶量过多的树冠外围，应提前采用疏枝法进行修剪；经常有雪害的地方，要采用自然开心形的大枝修剪法，这样枝条分布稀疏，以利积雪下落，减轻雪害。

（4）摇雪减损。及时摇落或用竹竿敲打树上积雪，防止积雪压裂、压断枝条。

3. 补救措施

（1）因大雪受冻害的杨梅树，要及时摘除卷曲冻死的叶片和枯梢，对受伤或压断的枝条，及时修剪，对受损的枝干进行支撑加固，受伤处涂保护剂。

（2）部分根群外露的杨梅树，要及时培土，并补施少量速效肥。喷施高效稀土1 000 ~ 1 200倍液，或0.2%磷酸二氢钾，或0.2%尿素等叶面肥，以迅速补充树体养分。

（3）树体受冻后抵抗力弱，较易发生病虫害，所以要及时清除枯枝和冻伤枝，及时防治病虫害，以保持树体健壮。

五、冰雹危害

1. 危害特点　冰雹危害一般发生在夏季或春夏之交时，虽然具有局地性，但影响比较严重，一旦杨梅树体遭冰雹袭击，轻则叶片被打破，刚萌发的芽、已展叶的嫩梢和花蕾被打落；重则整张叶片、果实被打落，主枝、侧枝、结果母枝的皮层被打破，天晴后，伤口周围的皮层失水收缩，伤口扩大，露出木质部，从而刺激隐芽的萌发，既消耗树体内贮藏的营养，又导致严重的落花落果现象。

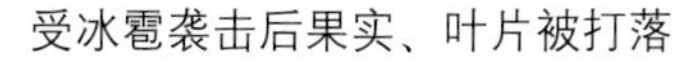
受冰雹袭击后果实、叶片被打落

冰雹打破枝干皮层

2. 补救措施

冰雹的发生具有突发性，在生产上很难在灾前采取预防措施，灾后可采取以下几方面的措施，以尽量减轻冰雹对杨梅造成的损失。

（1）喷药保护伤口，防止病菌感染。对遭受冰雹袭击的杨梅园，不论受灾轻重，灾后应立即喷施一次杀菌剂，以防止伤口遭受病菌感染。

（2）及时修剪，促发强壮新梢。杨梅受灾后，特别是受灾重的植株，枝条上的伤口多，落叶也多，应及时剪除受伤严重的枝条，因其再萌发新芽的速度慢，成枝力弱，也难以培养健壮的树冠。因此，灾后要及时剪去树皮被冰雹严重打破的枝条，促使其萌发强壮的新枝。

（3）叶面喷肥，提高树体营养水平。杨梅树体受灾后，部分叶片被打落，贮藏在这些叶片中的营养物质也随之丢失，应及时喷施叶面肥，以恢复和增进尚存叶片的营养功能。

第 9 章

果实采收与保鲜贮运

杨梅果实无外果皮保护，是极不耐贮藏的鲜果之一。杨梅成熟期正处在梅雨多湿高温季节，果实成熟后极易落果和腐烂，加上种植面积大，产品多，成熟和上市较集中，如不能及时供市鲜售或加工处理，烂果损失将十分严重。近年来，随着杨梅采后保鲜技术的不断改进、冷链物流技术的快速发展和产品包装的不断推陈出新，杨梅运销全国各地大中城市已是平常之事，甚至各产区还将新鲜杨梅出口销往国外市场，实现“身价”倍增。杨梅鲜果运销技术，正在发挥着越来越重要的作用。

一、果实采收

采收

1.采收时期 确定杨梅采收期的标准是果实成熟度。一般来说，杨梅果实成熟与否，因不同品种群的果面颜色不同而不同。果色呈品种所固有的紫红色、红色、粉红色或白色，具体可依据不同品种成熟时的表现特征加以判断，如荸荠种、晚稻杨梅等乌梅类品种群，果实由红转紫红至紫黑色时，甜酸适口，风味最佳，为适宜采收期；丁岙梅、东魁杨梅等红梅类品种群，待果实肉柱充实、光亮，色泽转至深红或泛紫红时采收；粉红梅类品种群果实呈粉红色时采收为宜；水晶种等白梅类品种群，则以果实肉柱上的青绿色几乎完全消失，肉柱充实，呈现白色、乳白色水晶状发亮或粉红色时采收为宜。

采收的标准还要根据物流运输距离而定。近距离（300千米以内）运输且无须贮藏时，可采收充分成熟的果实，远距离（300千米以上）运输或需贮藏时，宜采收九分熟果实。

由于纬度不同，从南往北，有效积温由高到低。因此，一般低纬度的云南和福建等地，杨梅成熟期较早；浙江、江西、江苏、安徽和湖南，杨梅成熟期较云南和福建的要推迟；而地处江浙以北的地方及贵州等地杨梅成熟期还要推迟。由于品种熟期不同，因此在同一个地区可以根据品种成熟期的早晚，进行品种配套种植，以延长成熟采摘期。由于海拔由低到高，年平均温度逐渐下降，海拔每升高100米，平均温度即下降0.6℃，杨梅成熟期约延迟2天。因此，许多地方发展杨梅产业时，常常采用在不同海拔高度梯度建园的办法，来延长杨梅鲜果的供应期。杨梅成熟期因地域不同、品种不同有很大的差异，我国从南到北成熟采摘期可从2月中下旬持续至7月下旬，采摘期长达约5个月。如云南省石屏县的特早梅2月中下旬就开始陆续成熟上市，浙江省青田县海拔950米地区东魁杨梅采收至7月下旬结束。

2. 采收方法

(1) 采前准备。采收前应割除树冠周围杂草，将割下的草铺设在树盘内，或在树冠下铺设薄膜或收集网，以便收集落地果。采收人员采前应剪去指甲，以免损伤果实。采摘竹篮等盛果容器底部及四周应垫柔软洁净缓冲物，防止果实遭受机械损伤。

杨梅采摘竹篮

(2) 采摘时间。杨梅果实分批成熟分批采摘，一般全树20%果实成熟时即可开始采收。可每天采收1次，或隔天采收1次。采收时间以晴天或阴天上午9时前或下午4时后为佳，一般不宜在雨天或雨后或高温下采收，否则不易贮藏，但遇连续多雨天气果实已成熟，亦当抢收。

(3) 采摘方法。杨梅果实无外果皮保护，极易造成机械损伤，采果时要小心轻放，以免损伤果实。采收时应戴洁净手套，用拇指、食指和中指夹持果实，再用食指顶住柄部，向上轻按即可采下果实，切忌将果实直接拉下，造成果蒂脱落，损伤果实。高大树冠顶部少量果实难以采收时，可以连枝剪下再采摘，过高的大枝也可用人字梯或高空采摘工具进行采摘。用于制作杨梅蜜饯或制作杨梅酱等加工用果实，可在树下铺设塑料布或收集网，直接摇落果实捡拾，此法省工节本，但果实损伤大，要及时处理，以免腐烂变质。

温馨提示

盛果容器不宜过高过大，一般以装5千克左右果实为宜，装果高度不宜超过30厘米，容量太大，果实容易挤压受伤，也不便采摘携带。采收时随时剔除机械伤、软化、霉变、虫害等果实，以免污染篮内周边优质果。采下的杨梅应及时转移至预冷场所，来不及转移时，应放在阴凉、通风的场所，并用纱布、防虫网覆盖，避免日晒和污染。

二、分级、分装

为适应各层次消费者的需求，以实现果品销售效益最大化，应当对采收的杨梅进行挑选、分级和分装处理。

1.果品的质量构成 果品的质量由外观质量和内在质量构成，通常称为“外质和内质”。外质以感观指标控制为主，即看得到的部位，如果实颜色深浅、果面光洁度、伤疤、病虫、污物等；内质以可溶性固形物、可食率等理化指标控制为主，还辅以风味品尝的内在品质。卫生指标贯穿外质和内质。所有质量指标由感观指标、理化指标、卫生指标来控制。

2.果品分级标准

①露地杨梅鲜果分级标准见下表。本标准引自国家林业行业标准《杨梅质量等级》（LY/T 1747—2018）。

杨梅鲜果等级和感观指标

<table>
<tr><th rowspan="2">级别</th><th rowspan="2">基本要求</th><th rowspan="2">果 面</th><th rowspan="2">肉 柱</th><th colspan="2">单果重（克）</th><th colspan="2">可溶性固形物含量（%）</th><th colspan="2">可食率（%）</th></tr>
<tr><th>东魁</th><th>荸荠种</th><th>东魁</th><th>荸荠种</th><th>东魁</th><th>荸荠种</th></tr>
<tr><td>特级</td><td rowspan="3">果形端正，具有该品种固有特征；果面洁净，无病斑、无虫粪、无灰尘、无霉变；达到商业成熟度，口感甜中带酸，具有该品种特有风味，无异味</td><td>伤痕占果面1/10的果数不超过果实总数的2%</td><td>肉柱发育充实，顶端圆钝，无肉刺</td><td>≥25</td><td>≥11.0</td><td rowspan="3">≥9</td><td rowspan="3">≥10</td><td rowspan="3">≥85</td><td rowspan="3">≥94</td></tr>
<tr><td>一级</td><td>伤痕占果面1/10的果数不超过果实总数的5%</td><td>肉柱顶端圆钝或有少量尖钝</td><td>≥21</td><td>≥9.5</td></tr>
<tr><td>二级</td><td>伤痕占果面1/10的果数不超过果实总数的10%</td><td>肉柱顶端圆钝或有少量尖钝，带轻微肉刺</td><td>≥18</td><td>≥7.5</td></tr>
</table>

注：其他品种参照执行（中小果类参照荸荠种，大果类参照东魁）。

②设施大棚内温、湿、光等气候环境适合杨梅果实生长发育，成熟期能够相对实现环境可控，可以在杨梅果实肉柱充分膨大和完全成熟后再采摘。大棚杨梅果实品质优且稳定，鲜果分级标准参照《杨梅山地大棚促成生产技术规程》（DB3311/T 257—2023）执行。

大棚杨梅鲜果等级和感观指标

<table>
<tr><th rowspan="2">级别</th><th colspan="2">单果重（克）</th><th colspan="2">可溶性固形物含量（%）</th><th rowspan="2">基本要求</th><th rowspan="2">果 面</th><th rowspan="2">肉 柱</th></tr>
<tr><th>东魁</th><th>荸荠种</th><th>东魁</th><th>荸荠种</th></tr>
<tr><td>特级</td><td>≥30</td><td>≥12</td><td colspan="2" rowspan="3">≥12.0</td><td rowspan="3">果形端正，具有该品种固有特征；果面洁净，无病斑、无虫粪、无灰尘、无霉变；达到商业成熟度，口感甜中带酸，具有该品种特有风味，无异味</td><td>伤痕占果面1/10的果数不超过果实总数的2%</td><td>肉柱发育充实，顶端圆钝，无肉刺</td></tr>
<tr><td>一级</td><td>≥25</td><td>≥11</td><td>伤痕占果面1/10的果数不超过果实总数的5%</td><td>肉柱顶端圆钝或有少量尖钝</td></tr>
<tr><td>二级</td><td>≥18</td><td>≥7.5</td><td>伤痕占果面1/10的果数不超过果实总数的10%</td><td>肉柱顶端圆钝或有少量尖钝，带轻微肉刺</td></tr>
</table>

3. 分级分装　分级应在环境温度10～15℃的操作间进行。分级后装入洁净、无毒、底部垫有柔软缓冲物的小塑料篮、竹篮或模塑托盘等包装物内，按等级分区放置。装果高度不宜超过15厘米，装果量不宜超过2.5千克。

杨梅分级分装

三、预冷

杨梅采摘后，为保持其鲜活和延长货架期，通常要求采收后2小时内完成分级并进行预冷，若时间来不及挑选，也可先进行预冷再挑选分级。可采用冷库预冷、强制冷风预冷、真空预冷等预冷方式。理想的预冷效果是果肉中心温度降至0 ~ 2℃，若采用普通的冷库预冷，一般建议预冷过夜。在实际生产过程中，很难实现杨梅充分预冷的条件，一般建议至少预冷3 ~ 6小时再进行包装作业。若有条件，可采用田间真空预冷装置和就地预冷设备，能迅速达到预冷效果，提高生产效率。

杨梅冷库预冷

四、贮藏

经预冷后的杨梅可直接包装进入物流运输销售，如不能立即销售的，应置于保鲜库内短期贮藏。

1. 冷藏库要求

（1）选址要求。建在杨梅产地，减少入库前运输造成的损伤，并有配套的收购场地。

（2）温湿度控制。温度控制范围−5～15℃，波动±1℃；相对湿度控制范围80%～90%，波动±3%。

（3）其他。库房配置加湿器、臭氧发生器、换气窗等。

2. 库房准备　贮藏前库房应打扫干净，用具洗净晒干，用臭氧消毒2小时，或入贮前5天采用硫黄熏蒸法进行消毒，用量为15～20克/米^3，消毒完成后密闭24小时，在入库前24小时敞开库门，通风换气，入库前应对设备进行调试，确保设备运行正常。

3. 贮藏方式

（1）堆贮。果筐在库房内呈“品”字形堆码，筐间留5～10厘米间隙，堆间留80～100厘米宽的通道，四周与墙壁间隔30～40厘米，距离冷风机出口1.5米以上。果筐堆放高度视容器的耐压程度而定，但最高层筐距离库顶要留有80厘米以上的空间。

（2）架贮。用木架或不锈钢架。为最大限度地利用库房的立体空间，须对贮藏架的设计和布局进行合理安排。贮藏架总高度不超过库高的2/3。架的宽度以两人能操作方便为度，架的摆放要适合货物、人的进出，并留有一定的操作空间。2～2.5千克的小包装更适合架贮。

4. 库房管理

（1）温湿度要求。贮藏温度控制在0～2℃，空气相对湿度控制在80%～90%。

（2）分批入库。为快速排除果实带来的田间热和呼吸热，每次入库的果品不宜过多，以总贮藏量的20%～25%为宜，待库温稳定后再进行下一次的入库。

（3）其他。果实应注明入库时间及等级，分排分层摆放，便于观察与出库。定期检查库房的温湿度变化以及其他异常情况，并做好记录，出现问题，及时处理。贮藏期间，要经常检查果实品质，发现烂果应及时挑出，以免影响其他果实。

5. 贮藏期限　杨梅近距离（300千米以内）运输销售，贮藏期不宜超过5天；远距离（300千米以上）运输销售，贮藏期不宜超过4天。

五、包装

杨梅采后使用合理的包装是降低果实在流通过程中的机械损伤、保持鲜果品质、提升果品档次的重要措施。

1. 包装类型 根据不同销售途径，目前国内杨梅包装主要有两种类型。

（1）无蓄冷包装。主要用于近距离销售，包装内不配备蓄冷材料，可直接用竹篮、塑料篮等容器包装，也可用内、外组合包装，内包装一般用塑料篮、模塑托盘等，外包装一般用定制的配套瓦楞纸箱。

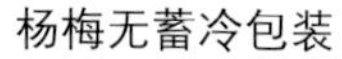

杨梅无蓄冷包装

杨梅模塑托盘

（2）蓄冷包装。一般用于远距离运输销售或电商物流销售，主要包括蓄冷模塑包装和蓄冷果篮包装两种。

①内包装。经预冷或贮藏后的杨梅，在模塑托盘或果篮外选择0.04 ～ 0.06毫米厚的聚乙烯薄膜包装袋进行抽气包装或气调包装。

抽气包装：采用抽气装置抽取一定空气后并扎紧袋口，以包装薄膜刚贴近果实、不伤及肉柱为度。

气调包装：排除空气后采用混合气体充气法，混合气体比例为3% ～ 5% O_2、10% ～ 12% CO_2，其余为N_2。

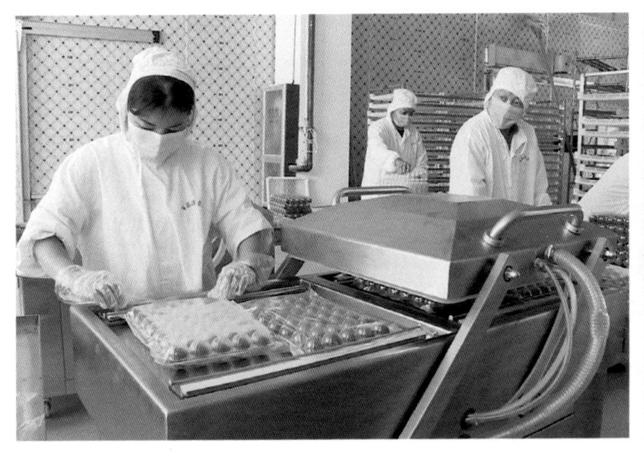

杨梅抽气包装

气调包装

②外包装。将包装后的杨梅和冰瓶（袋）等蓄冷材料同置于2 ~ 3厘米厚的定型泡沫箱内并密封。杨梅与冰瓶（袋）的重量比宜不大于4 ∶ 1。冰瓶（袋）为水等蓄冷材料在低于－18℃条件下冻结制得。泡沫箱外再用定制的配套瓦楞纸箱包装。

杨梅蓄冷包装

2. 封口压膜　盖好泡沫箱箱盖，用黏胶纸封住缝口，固定箱盖，将封好的泡沫箱装进外包装箱内，套上薄膜袋，用通过式封口机将袋口封死，薄膜袋四角用夹角机夹平，将箱的上面和四周各面用小铁棒各钻2个小洞孔，以利透气，最后用热收缩机将整个包装箱封膜压平，使包装箱平整美观。

温馨提示

（1）操作间环境温度不宜超过10℃。

（2）包装所用材料卫生、质量指标等应符合国家相关规定。

（3）包装容器要牢固，不易变形或破碎，大小要适宜并且堆放、搬运方便，易于回收。

（4）产品要有包装标识，标注品牌、产品名称、产地、生产销售单位及联系方式、生产日期、产品质量等级等内容。

六、运输、销售

采用冷藏车运输，冷藏车车内温度宜为0 ~ 2℃。运输最长期限不宜超过24小时。码垛要稳固，货件之间留有5 ~ 8厘米间隙。货件与底板之间留有10 ~ 15厘米间隙。运输行车应平稳，减少颠簸和剧烈震荡。果实运达销售地后，宜置于0 ~ 2℃保鲜库内临时贮藏，在48小时内完成销售。

参考文献

陈健, 管其宽, 2001. 杨梅丰产栽培技术[M]. 北京: 金盾出版社.

陈宗良, 2001. 杨梅栽培168问[M]. 北京: 中国农业出版社.

高志红, 2020. 杨梅种质资源描述规范和数据标准[M]. 北京: 中国农业科学技术出版社.

金志凤, 王立宏, 冯涛, 等, 2007. 浙江省杨梅生产中主要农业气象灾害及防御措施[J]. 中国农学通报, 23(6): 638-641.

康志雄, 陈友吾, 吕爱华, 等, 2005. 浙江省杨梅种质资源现状及优株选择研究[C] // 首届全国林业学术大会论文集: 385-389.

梁森苗, 2019. 杨梅栽培实用技术[M]. 北京: 中国农业出版社.

梁森苗, 黄建珍, 戚行江, 2016. 杨梅病虫原色图谱[M]. 杭州: 浙江科学技术出版社.

梁森苗, 朱婷婷, 张淑文, 等, 2021. 主要农业气象灾害对杨梅生长的影响及防止措施[J]. 现代园艺, 44(3): 122-124.

林公标, 徐新快, 颜丽菊, 2018. 杨梅赤衣病的发生及有效防治方法[J]. 现代园艺 (13): 153-154.

缪松林, 2000. 杨梅生产实用新技术[M]. 杭州: 浙江科学技术出版社.

戚行江, 2014. 杨梅病虫害及安全生产技术[M]. 北京: 中国农业科学技术出版社.

戚行江, 2016. 杨梅生态栽培[M]. 北京: 中国农业科学技术出版社.

戚行江, 杨桂玲, 2014. 杨梅全程标准化操作手册[M]. 杭州: 浙江科学技术出版社.

申双和, 杨再强. 设施杨梅环境调控及气象服务[M]. 北京: 气象出版社.

沈颖, 王华弟, 汪恩国, 等, 2017. 杨梅粉虱的发生监测与防控技术[J]. 上海农业科技 (2): 125-127.

宋斌, 2015. 杨梅的需肥特性及施肥要点[J]. 江西农业 (1): 59.

谭剑锋, 罗海据, 刘海峰, 等, 2023. 适用于丘陵荔枝果园的水肥一体化系统设计及运维管理[J]. 现代农业装备, 44(4): 36-41

王华弟, 沈颖, 黄茜斌, 等, 2016. 杨梅柏牡蛎蚧发生规律与监测防治技术[J]. 中国植保导刊, 36(11): 45-49.

颜丽菊, 2014. 杨梅安全优质丰产高效生产技术[M]. 北京: 中国农业科学技术出版社.

周东生, 黄汉松, 吴长春, 2010. 杨梅良种与优质高效栽培新技术: 江南第一梅 · 靖州杨梅[M]. 北京: 金盾出版社.

周丕考, 叶大余, 周素珍, 等, 2013. 配方施肥对杨梅产量与品质的影响[J]. 现代园艺(13): 7-8.

附　录

附录1　杨梅上禁止使用的农药品种

（摘自T/ZNZ 001—2019）

根据中华人民共和国农业部公告第194号、第199号、第274号、第322号、第747号、第1157号、第1586号、第1744号、第2032号、第2289号、第2445号、第2552号，农农发〔2010〕2号通知，农业部等四部委联合公告第632号，发改委等六部委2008年第1号公告，农业部等三部联合公告第1745号规定，杨梅上禁止使用如下农药：

六六六、滴滴涕、毒杀芬、艾氏剂、狄氏剂、除草醚、二溴乙烷、杀虫脒、敌枯双、二溴氯丙烷、汞制剂、砷、铅、氟乙酰胺、毒鼠强、氟乙酸钠、甘氟、毒鼠硅、甲胺磷、甲基对硫磷、对硫磷、久效磷、磷胺、苯线磷、地虫硫磷、甲基硫环磷、磷化钙、磷化镁、磷化锌、硫线磷、蝇毒磷、治螟磷、特丁硫磷、氯磺隆、甲磺隆、胺苯磺隆、福美胂、福美甲胂、百草枯水剂、甲拌磷、甲基异柳磷、内吸磷、灭线磷、硫环磷、氯唑磷、涕灭威、克百威、水胺硫磷、灭多威、氧乐果、乐果、杀扑磷、氟虫腈、氯化苦、三氯杀螨醇、溴甲烷、丁酰肼（比久）、乙酰甲胺磷、丁硫克百威、硫丹。

《农药管理条例》规定：剧毒、高毒农药不得用于防治卫生害虫，不得用于蔬菜、瓜果、茶叶和中药材。

附录2　杨梅主要病虫害防治用药建议清单

（引自中国农药信息网杨梅农药登记数据和T/ZNZ 001—2019）

防治对象	农药通用名	含量剂型	制剂用药量	使用方法	每季使用最多次数	安全间隔期（天）
防落果	对氯苯氧乙酸钠盐*	8%可溶粉剂	2 667～4 000倍液	在果实硬核期至成熟期兑水喷雾	1	15
保花保果	苄氨基嘌呤*	2%可溶液剂	700～1 000倍液	杨梅谢花期及幼果期兑水喷雾	2	45
控梢	氟节胺*	25%悬浮剂	500～1 000倍液	春梢老熟至夏梢发生前喷雾	1	14
调节生长	赤霉酸*	40%可溶粒剂	10 000～20 000倍液	成熟期兑水喷雾	1	—
除草	草铵膦*	200克/升可溶液剂	200～300毫升/亩	于杂草生长旺盛期喷雾	1	14
褐斑病	喹啉铜*	33.5%悬浮剂	1 000～2 000倍液	在春梢嫩期或者采果后兑水喷雾	1	30
	氟菌·肟菌酯*	43%悬浮剂	1 500～3 000倍液	在杨梅生长的早期阶段或病菌侵入期兑水喷雾	2	15
	嘧菌酯*	25%悬浮剂	800～1 000倍液	在杨梅生长的早期阶段或病菌侵入期兑水喷雾	3	21
	唑醚菌酯·腈菌唑*	30%悬浮剂	2 500～3 000倍液	在杨梅生长的早期阶段或病菌侵入期兑水喷雾	3	14
	井冈·嘧苷素*	6%水剂	200～400倍液	在病菌侵入期兑水喷雾	3	7
	精甲霜·锰锌*	68%水分散粒剂	600～800倍液	在杨梅生长的早期阶段或病菌侵入期兑水喷雾	3	14
	抑霉唑*	20%水乳剂	600～800倍液	在发病初期兑水喷雾	3	14

（续）

防治对象	农药通用名	含量剂型	制剂用药量	使用方法	每季使用最多次数	安全间隔期（天）
褐斑病	咪鲜胺*	450克/升水乳剂	1 350～2 500倍液	在发病初期兑水喷雾	2	21
干枯病	石硫合剂		3～5波美度	刮除病斑后涂抹伤口	1	30
灰霉病	唑醚·啶酰菌*	38%悬浮剂	1 000～2 000倍液	发病前或发病初期用药	3	14
癌肿病	喹啉铜*	33.5%悬浮剂	500～750倍液	发病前或发病初期用药	3	14
果蝇	阿维菌素*	0.1%浓饵剂	180～300毫升/亩，稀释2～3倍后装入诱集罐	在果实硬核期至成熟期，放置在杨梅树下，20罐/亩，每7天换一次诱集罐内的药液，请勿在果树上喷施	—	—
	乙基多杀菌素*	60克/升悬浮剂	1 500～2 500倍液	在果实硬核期进入成熟期兑水喷雾	1	3
	短稳杆菌*	100亿孢子/毫升悬浮剂	300～500倍液	果蝇发生初期喷施果实部位	1	—
白腐病	抑霉唑	20%水乳剂	1 000～1 400倍液	在杨梅果实硬核着色期进入成熟期兑水喷雾	1	14
	嘧菌酯	250克/升悬浮剂	3 333～5 000倍液	在杨梅果实硬核着色期进入成熟期兑水喷雾（不可与乳油混合使用）	1	15
	吡唑醚菌酯*	250克/升乳油	1 000～2 000倍液	在杨梅果实硬核着色期进入成熟期兑水喷雾	2	15
	喹啉·戊唑醇*	36%悬浮剂	800～1 200倍液	在杨梅果实硬核着色期进入成熟期兑水喷雾	2	14
	啶氧菌酯*	22.5%悬浮剂	1 000～1 500倍液	果实转色期、发病前喷雾	2	7

（续）

防治对象	农药通用名	含量剂型	制剂用药量	使用方法	每季使用最多次数	安全间隔期（天）
白腐病	二氯异氰尿酸钠*	40%可溶粉剂	400～600倍液	在杨梅果实硬核着色期进入成熟期兑水喷雾	1	5
介壳虫	矿物油*	95%乳油	50～60倍液	在7～8月第二代介壳虫发生初期兑水喷雾	1	30
	噻嗪酮*	65%可湿性粉剂	2 500～3 000倍液		1	30
	松脂酸钠*	30%水乳剂	300倍液	在冬季清园期兑水喷雾	1	30
		20%可溶粉剂	200～300倍液		1	30
蓑蛾、卷叶蛾	甲氨基阿维菌素*	5%乳油	4 000～6 000倍液	在孵化盛期至低龄幼虫期兑水喷雾	2	7
尺蠖	苏云金杆菌*	16 000国际单位/毫克	1 000～1 500倍液	在4～5月一至二龄幼虫发生初期兑水喷雾，不建议与化学农药混用	1	15

注1：该清单每年都可能根据新的评估结果发布修改单。

注2：国家新禁用的农药自动从该清单中删除。

注3：*为杨梅上登记用药。

注4：—为安全间隔期豁免（用于有效成分为植物内源物质，生物农药或者作为诱剂使用）。

注5：出口和绿色食品生产基地杨梅应按照国家相应的农药残留要求调整农药种类。

注6：果实采前15天禁止用药。

附录3 杨梅挂果期不宜使用的农药清单

（摘自 T/ZNZ 001—2019）

农药品种	时期
多菌灵、甲基硫菌灵、百菌清	挂果期
毒死蜱、三唑磷、氯氟氰菊酯（含高效氯氟氰菊酯）	

图书在版编目（CIP）数据

杨梅高效栽培与病虫害防治彩色图谱/全国农业技术推广服务中心组编；邹秀琴主编．—北京：中国农业出版社，2024.1

（扫码看视频·轻松学技术丛书）

ISBN 978-7-109-30950-0

Ⅰ.①杨…　Ⅱ.①全…②邹…　Ⅲ.①杨梅－果树园艺－图谱②杨梅－病虫害防治－图谱　Ⅳ.①S667.6-64②S436.6-64

中国国家版本馆CIP数据核字（2023）第141114号

中国农业出版社出版

地址：北京市朝阳区麦子店街18号楼

邮编：100125

责任编辑：郭　科　郭晨茜

版式设计：郭晨茜　　责任校对：吴丽婷　　责任印制：王　宏

印刷：北京缤索印刷有限公司

版次：2024年1月第1版

印次：2024年1月北京第1次印刷

发行：新华书店北京发行所

开本：880mm×1230mm　1/32

印张：6.5

字数：206千字

定价：56.00元
